风力发电场技术监督
培训教材

中国电力技术市场协会
西安热工研究院有限公司 ｜ 编
电力行业技术监督协作网

中国电力出版社
CHINA ELECTRIC POWER PRESS

内容提要

为了适应我国风力发电的快速发展，促进风力发电企业技术监督管理体系建设，培养和提高技术监督管理人员的综合素质，中国电力技术市场协会联合西安热工研究院有限公司、电力行业技术监督协作网，编写了本书。

本书以现行风力发电技术监督管理方面的标准、制度和规定为准绳，结合风力发电技术监督的现场技术管理经验，强化风电技术监督基本概念、规定和要求，增强技术监督人员现场实施的能力。全书共分为四章：第一章详细介绍了风力发电设备系统，第二章主要介绍了技术监督管理方面的要求，第三章详细介绍了各专业技术监督的特点和具体工作内容，第四章介绍了风力发电机设备定期检修工作的内容和要求。

本书可以作为风力发电场站值班员、检修员、发电企业管理人员的教学、培训和自学教材，也可以作为职业院校风电专业学生教学参考资料。

图书在版编目（CIP）数据

风力发电场技术监督培训教材 / 中国电力技术市场协会，西安热工研究院有限公司，电力行业技术监督协作网编 . —北京：中国电力出版社，2024.4
ISBN 978-7-5198-8297-6

Ⅰ.①风…　Ⅱ.①中…　②西…　③电…　Ⅲ.①风力发电 – 发电厂 – 技术监督 – 技术培训 – 教材　Ⅳ.① TM62

中国国家版本馆 CIP 数据核字（2023）第 216781 号

出版发行：中国电力出版社
地　　址：北京市东城区北京站西街 19 号（邮政编码 100005）
网　　址：http：//www.cepp.sgcc.com.cn
责任编辑：赵鸣志（010–63412385）
责任校对：黄　蓓　郝军燕
装帧设计：赵丽媛
责任印制：吴　迪

印　　刷：三河市航远印刷有限公司
版　　次：2024 年 4 月第一版
印　　次：2024 年 4 月北京第一次印刷
开　　本：787 毫米 ×1092 毫米　16 开本
印　　张：13
字　　数：279 千字
印　　数：0001—1000 册
定　　价：70.00 元

▶ 编写委员会

前 言

我国的电力技术监督管理工作，最早源于 20 世纪 50 年代，沿用苏联的技术，主要是对水、汽品质的化学监督与检验。在 20 世纪 50 年代后，又增加了金属监督。随着生产力的不断提高，我国的电力技术监督工作也在不断成熟。到 20 世纪 90 年代，技术监督工作已经具备了较完整的工作条例和实施细则。

为了适应电力行业发展趋势，不断完善电力企业技术监督管理体系，培养和提高企业技术监督管理人员的综合素质，强化电力生产技术和管理人员掌握技术监督基本概念、规定和要求，增强现场实施的能力，中国电力技术市场协会组织电网企业、发电企业，根据近年来国家、行业和各电力集团公司颁发的现行电力技术监督管理方面的标准、制度和规定，结合电力技术监督的基本程序和现场技术管理经验，编写了《风力发电场技术监督培训教材》。

本书的编写人员均为来自一线风电技术监督工作人员，长期从事风电技术监督管理、标准制度编制以及技术监督培训工作，具有丰富的技术监督工作经验。本书依据行业标准和技术规范，内容上注重先进性和实用性。本书可以作为风力发电场值班员、检修员、风电企业管理人员的教学、培训和自学教材，也可以作为职业院校风电专业学生教学参考资料。

全书共分为四章。第一章详细介绍了风力发电系统的设备概况，对风力发电机各子系统的型号及类型、设备原理、设备特性、先进技术、评价方法等进行了详细的介绍。第二章主要介绍了技术监督管理方面的要求。第三章分专业介绍了各专业技术监督的特点和具体工作内容。第四章介绍了风力发电机设备定期检修工作需要开展的具体项目、节点和开展周期，为风电场日常生产管理提供了参考。

本书在编写过程中得到了中国大唐集团科学技术研究总院有限公司、大唐可再生能源试验研究院有限公司等单位的支持与帮助，在此一并致谢。由于风力发电技术涉及面广，知识发展更新快，书中难免有疏漏和不当之处，敬请广大读者朋友批评指正。

编　者

2023 年 12 月

目 录

前言

第一章

风力发电系统设备简介

风力发电系统主要由风轮及变桨系统、发电机及传动链系统、偏航系统、塔架及基础、风力发电控制系统、变压器及电气设备等各子系统组成，子系统之间协同工作，将风轮及变桨系统捕获的风能传递给传动链，带动发电机发电，通过变压器及电气设备和控制系统的协作，将发电机发出的电输送到电网，完成风能到电能的转化以及发、变、送电上网过程。其中，塔筒及基础为风力发电机组提供了稳固的支撑作用，为风轮能够在地面以上较高空间获取足够的风能提供条件。

第一节　风轮及变桨系统

一、概述

1.风轮

风轮是指将风能转化为机械能的风力机部件，由叶片和轮毂组成。叶片是风电机组的关键部件之一，其性能好坏直接影响风电机组的风能利用效率和机组所受载荷，在很大限度上决定了机组的整体性能和风电开发利用的经济性。同时，叶片也是风机的核心部件，其成本约为风电机组总成本的20%。

风轮可分为两类：水平轴风轮（风轮的旋转轴与风向平行）和垂直轴风轮（风轮的旋转轴垂直于地面或者气流方向）。

目前，风电市场上以水平轴风轮三叶片机型为主；与双叶片相比，三叶片可以在较低的转速下产生更多的动力；三叶片对强风的抵抗性能更好，安全性也就更高；三叶片稳定性、分散性比较强，叶片再增多不仅会打破这种平衡，成本也会增加，因此三叶片更具经济效益。

2. 变桨系统

变桨系统是大型风电机组控制系统的核心部分之一，其功能是在额定风速附近，依据风速的变化实时调节叶片角度，控制吸收的机械能，在保证获得最大能量（与额定功率对应）前提下，减少风力对风电机组的冲击；在停机时，变桨系统将桨叶调整到顺桨位置，实现空气动力学制动刹车，使风电机组安全停运。变桨系统对机组安全、稳定、高效地运行具有十分重要的作用。

目前，在变桨系统技术路线方面，存在液压和电动两种技术体系：液压变桨系统是通过控制液压单元的液压缸驱动连杆装置推动桨叶，以实现变桨；电动变桨系统则是通过减速机构和传动装置，由伺服电动机推动桨叶以实现变桨。

二、设备原理

（一）叶片工作原理

叶片在流场中，叶片上表面（吸力面）气流流管细、流速快、压强低，叶片下表面（压力面）气流流管粗、流速慢、压强高。两个表面的压力差产生向上的升力，进而带动风轮旋转，将机械能转化成电能。

（二）变桨系统工作原理

目前，我国已投运的兆瓦级以上风电机组均采用了变桨距技术。变桨距调节是指风机可以沿桨叶的纵轴旋转叶片，改变桨叶位置，控制风轮的能量吸收，使风机保持一定的输出功率；在紧急情况下动作顺桨，减少风机载荷或实现空气制动。

同定桨距风机相比，变桨距机组可以根据风速的大小调节气流对叶片的攻角，具有在额定功率点以上功率输入平稳、相同功率机组额定风速低、叶片结构简单、自启动性能和制动性能好、安全性高等优点。同时，变桨距控制与变频技术相配合，提高了风力发电机的发电效率和电能质量，使风力发电机组在各种工况下都能够获得最佳的性能，减少风力对风机的冲击，因此变桨系统控制与变频控制一起构成了兆瓦级变速恒频风力发电机的主要控制技术。

1. 液压变桨距系统工作原理

液压变桨距系统采用液压缸作为原动机，通过一套曲柄滑动结构同步驱动三个桨叶变桨距。变桨距机构主要由推动杆、支撑杆、导套、防转装置、同步盘、短转轴、连杆、长转轴、偏心盘、桨叶、法兰等部件组成。变桨控制系统根据当前风速算出桨叶的桨距角调节信号，液压系统根据指令驱动液压缸，液压缸带动推动杆、同步盘运动，同步盘通过短转轴、连杆、长转轴推动偏心盘转动，偏心盘带动桨叶进行变桨距。

液压变桨距执行机构的桨叶通过机械连杆机构与液压缸相连接，桨距角与液压缸位移成正比。当桨距角减小时，液压缸活塞杆向右移动，有杆腔进油；当桨距角增大时，活塞杆向左移动，无杆腔进油。液压系统的桨距控制是通过电液比例阀实现的，电液比例阀的控制电压与液压缸的位移变化量成正比，利用油缸设置的位移传感器，利用 PID 调节进行液压缸位置闭环控制。为提高顺桨速度，变桨距执行系统不仅引入差动回路，还利用蓄能器为系统保压。当系统出现故障断电紧急关机时，立即断开电源，液压泵紧急关闭，由蓄能器提供油压使桨叶顺桨。

2. 电动变桨距系统工作原理

电动变桨距系统由变桨控制器、伺服驱动器和备用电源系统组成，能够实现 3 个桨叶独立变桨距，给风力发电机组提供功率输出和足够的刹车制动能力，从而避免过载对风机的破坏。

电动变桨距系统的每个桨叶配有独立的执行机构，伺服电动机连接减速箱，通过主动齿轮与桨叶轮齿内齿圈相连，带动桨叶进行转动，实现对桨距角的直接控制。

如果电动变桨距系统出现故障，控制电源断电，伺服电动机由备用电源系统供电，15s 内将桨叶紧急调节为顺桨位置。在备用电源电量耗尽时，继电器节点断开，原来由电磁力吸合的制动齿轮弹出，制动桨叶，保持桨叶处于顺桨位置。在轮毂内齿圈边上还装有一个接近开关，起限位作用。在风力机正常工作时，继电器通电，电磁铁吸合制动齿轮，不起制动作用，使桨叶能够正常转动。

电动变桨系统分为直流变桨系统和交流变桨系统。

（1）直流变桨系统的优缺点。

优点：故障时可直接通过后备电源供电顺桨，可靠性高。

缺点：电动机成本高，碳刷需要维护；体积较大，维护不方便。

（2）交流变桨系统的优缺点。

优点：电动机体积小，维护量小；电动机成本低。

缺点：故障时必须通过伺服驱动器驱动电动机顺桨，不能通过后备电源直接供电顺桨。

三、设备特性

（一）叶片

叶片是风力发电机中最基础和最关键的部件之一，其良好的设计、可靠的质量和优越的性能是保证机组正常稳定运行的决定因素。对叶片的要求有：密度轻且具有极佳的疲劳强度和力学性能，能经受暴风等极端恶劣条件和随机负载的考验；叶片的弹性、旋转时的惯性及其振动频率特性曲线都正常，传递给整个发电系统的负载稳定性好，不得在失控（飞车）的情况下因离心力的作用被拉断并飞出，不得在风压的作用下折断，也不得在飞车转速以下范围内产生引起整个风力发电机组的强烈共振；叶片的材料必须保证表面光滑以减小风阻，粗糙的表面会被风"撕裂"；不得产生强烈的电磁波干扰和光反射；不允许产生过大噪声；耐腐蚀、紫外线照射和雷击性能好；成本较低，维护费用较低。

1. 叶片基本几何结构

叶片纵剖面如图 1-1 所示。

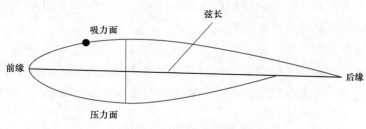

图 1-1　叶片纵剖面

2. 叶片结构及主要功能

叶片各部分组成如图 1-2 所示。

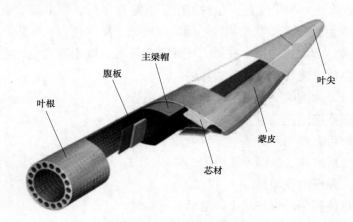

图 1-2　叶片的结构组成

（1）叶根：叶片受力最大区域，连接叶片与轮毂，将叶片受载传递至机组。

（2）主梁帽：叶片主要受力构件，承受叶片总载荷 80% 以上。

（3）腹板：支撑蒙皮的主梁，主要承受剪切力。

（4）蒙皮：保持叶片气动外形，承受部分载荷。

（5）叶尖：设有接闪器用于防雷、降噪。

（6）芯材：增加结构刚度，防止局部失稳，提高整个叶片的抗载荷能力。

3. 叶片主要性能参数

（1）风能利用系数（C_p）。体现叶片捕风能力，自然空气流场下，贝茨极限是 0.593。

（2）叶尖速比（λ）。叶尖线速度与来流风速之比，能反映叶尖噪声大小。

（3）净空。机组静止、运行过程中叶片与塔架之间的最小距离，用来判断机组运行过程中叶片和塔架是否干涉。

（二）变桨系统

变桨系统是安装在风机轮毂内作为空气制动或通过改变叶片角度对机组运行进行功

率控制的装置，是风电机组重要的控制和保护装置。变桨系统按执行机构进行分类主要有两种，即液压变桨系统和电动变桨系统；按控制方式分可分为三叶片统一变桨和独立变桨两种。大功率风电机组通常采用独立变桨控制，通过每支叶片独立地变化桨距角，可以有效解决桨叶和塔架载荷不均匀问题。

上述两种变桨系统各有优点，液压变桨系统具有传动力矩大、重量轻、定位准确、执行机构动态响应速度快等特点。国内主流风电机组中 Vestas 和 Gemesa 机型采用了液压变桨系统。但液压变桨系统对工作环境和液压系统油路组件、阀块品质要求较高，一旦系统泄漏对风机及环境污染严重。电动变桨系统具有适应能力快、响应快、精度高、无泄漏、无污染等特点，金风、东汽、华锐、联合动力等机型均采用电动变桨系统。电动变桨系统的缺点是控制系统复杂，后备 UPS 电源需定期维护和更换。

1. 液压变桨系统

液压变桨系统又称电—液伺服变桨系统，主要由液压泵站、控制阀块、蓄能器与执行机构组成。其中，电动液压泵为工作动力，液压油为传递介质，控制阀块（比例电磁阀）作为控制元件，通过将油缸活塞杆的径向运动变为桨叶的圆周运动来实现桨叶的变桨距。

以 Vestas 公司的 V80 型风机为例，桨叶通过机械连杆机构与液压缸连接，桨距角的变化与液压缸位移成正比。当液压缸活塞杆向左移动到最大位置时，桨距角通常为90°；而活塞杆向右移动最大位置时，桨距角一般为 -5°。液压缸的位移由电液比例阀进行精确控制，控制系统有相应的液压缸位置信号检测与反馈控制。

2. 电动变桨系统

电动变桨系统是用电动机作为变桨动力，通过伺服驱动器控制电动机带动减速机的输出轴齿轮旋转，输出轴齿轮与桨叶根部回转支承的内侧的齿轮啮合，带动桨叶进行变桨。系统通常由交流伺服系统、伺服电动机、减速机、后备电源、轮毂主控制器（含传感器）构成。减速机固定在轮毂上，回转支承的内环安装在叶片上，叶片轴承的外环固定在轮毂上。伺服电动机带动减速机的输出轴小齿轮旋转，小齿轮与回转支承的内环啮合，从而带动回转支承的内环与叶片一起旋转，实现了改变桨距角的目的。电动变桨结构如图 1-3 所示。

国内常用的电动变桨系统有 MITA-Teknik、LUST 华电天仁等品牌，各品牌的后备电源构成（电池或超级电容）和机械结构略有不同，但控制策略基本一致。风机在运行和暂停模式下，桨叶连续变桨，同时伺服驱动器通过通信总线接收主控制器的变桨命令，输出一个较低频率的电压使伺服电动机低速转动，通过减速器带动桨叶缓慢进行变桨。只要改变变频器输出电压的相序，就能够改变伺服电动机的转向，通过电动机的正反转使桨叶向90°或者0°或 -5°方向连续变桨。桨叶的极限位置由与回转支承啮合的位置传感器内部的90°和0°两个行程开关来决定，从而保护桨叶角度不会超过安全范围。风机在停止和紧急停止模式下，风机将全顺桨。

图 1-3　电动变桨结构

四、风轮叶片和变桨系统常见故障及维护

（一）风轮叶片常见故障及维护

1. 叶片常见故障类型

风电机组叶片运转 5 年左右后，起到外固合保护作用的胶衣已被风沙抽磨至最低固合力点，原始叶片黏合缝从外观上已清晰可见，此时叶片完全依靠内黏来运转。由于原始叶片弯曲、扭曲的内黏受黏合面不均匀，受力点不均，风电机组的每一次弯曲、扭曲和自振都可能造成叶片的内黏缝处自然开裂，尤其是叶片的迎风面叶脊处，是叶片受损最严重的部位，自然开裂率最高。如果风场巡视未发现开裂现象，极有可能会发生叶片折断、摔落，造成严重事故。

叶尖是叶片整体的易损部位。风电机组运转时叶尖的抽磨力大于其他部位，整体叶片中叶尖又是最薄弱的部位。叶尖由双片合压而成，叶尖的边缘由胶衣树脂黏为一体，其最边缘近 4cm 是实心的，目的是增加叶尖的耐磨力和两片之间的亲和力。由于叶尖内空腔面积较小，风沙吹打时没有弹性，因此也是叶片中磨损最快的部位。实践证明，叶尖每年都会磨损缩短约 0.5cm。叶片在风电机组运转 4 ～ 5 年后处于易开裂周期，原因就是叶片边缘的固体材料磨损严重，双片组合的叶尖保护能力、固合能力下降，而使双片黏处暴露在风沙中。

常见的叶片损坏类型主要有以下几种：普通损坏、前缘腐蚀、前缘开裂、后缘损坏、叶根断裂、叶尖开裂折断、表面裂纹和砂眼、雷击损坏等。

2. 叶片损坏的处理

（1）普通损坏。普通损坏指盐雾引起的胶衣发暗、结晶风沙抽磨导致胶衣的剥蚀和脱落等。发现盐雾引起的胶衣发暗、结晶，要用非离子表面活性剂进行多次清洗；发现胶衣剥蚀、脱落，应尽快进行喷涂修补。

（2）前缘腐蚀。前缘腐蚀会导致翼型变形。由于翼型发生形变，叶片捕获的能量会减少5%以上。前缘损坏在早期容易修补，因此要及时处理，以避免更大的损失。

（3）前缘开裂。如果发现前缘开裂，要尽快修补。如果未能及时修补，开裂会越变越长，在空气作用下蒙皮就会出现脱开、开裂。如果叶片蒙皮开裂6ft（1.8m）以下时，还可以勉强修补，否则，需要更换整个叶片。

（4）后缘损坏。后缘损坏在早期容易处理，如果置之不理、听任发展，轻微的后缘损坏就会导致大问题。裂缝会沿着叶片弦向裂开直通到梁，然后沿着梁撕裂，此时叶片已经接近失效，需要进行更换。

（5）叶根断裂。发现叶根断裂的苗头如叶根裂纹、小裂缝等，必须尽早予以修复处理。叶根断裂经常会引发灾难性的失效，难以修补。

（6）叶尖开裂折断。叶尖是叶片很重要的部位，叶尖开裂必须立即采取修补措施。叶尖如果折断，可视其折断的位置（长短）取不同的措施。如果叶尖折断的位置离叶片远端很近（1m范围内），则可以采取拉筋加强等办法进行修补；如果折断位置在离叶片远端1m以上，应当更换叶片叶尖。

（7）表面裂纹和砂眼。即使是很小的表面裂纹、砂眼，也会使水渗入复合材料。严冬时水会结冰，导致内部芯材快速损坏。小的裂缝会蔓延生长，最终导致叶片失效、无修复价值。同时，砂眼的演变速度也非常快。因此，发现裂纹和砂眼，应尽快予以修补。

（8）雷击损坏。防雷系统损坏会导致叶片遭受雷击。如果防雷系统损坏或者工作不正常，在雷电天气下叶片很容易被击中损坏。雷电释放巨大的能量使叶片温度急剧升高，气体受热膨胀压力上升，造成爆裂破坏。据估计，全球每年有1%～2%的叶片受到雷电袭击。叶片受雷击损坏的部位多数在叶尖，一般比较容易修复，但少数情况下受损严重，需要更换整个叶片。

（二）变桨系统常见故障及维护

1. 液压变桨系统典型故障分析

液压变桨系统故障主要发生在液压站电气控制和阀块组件上，变桨控制和传感器部分故障只占较小比例。通过对液压变桨系统典型故障的分析，有助于改进风机液压变桨系统的维护方法，不断提高系统运行的可靠性。

（1）液压站减压故障。液压变桨系统是间歇工作系统，当风机处于运行状态时，桨叶角度根据风机控制策略需要不断进行调整，以满足控制风机功率的需求。这需要液压站频繁进行建压操作，液压泵和液压马达启停次数较多，会造成相应的控制电气元件故障多发。液压站频繁启停，易造成交流接触器主触点或辅助触点损坏，导致主控系统发出建压指令但液压马达无法动作。此故障需要检修人员检查接触器损坏情况，进行整体更换或只更换辅助触点。

（2）液压控制阀块故障。在由各种液压元件组成的液压控制回路系统中，比例阀是最重要的组件之一，液压变桨中控制系统的桨距控制是主要通过比例阀来实现的。在需要调节桨叶角度的时候，由控制器（主PLC或轮毂PLC）根据功率或转速信号输出一个 -10V ～ +10V 的控制电压，通过比例阀放大器转换成一定范围的电流信号，控制比例阀输出流量的方向和大小，从而控制变桨油缸的动作方向和速度，完成桨叶角度调整。风机长周期运行后，比例阀故障概率增高。比例阀故障后，风机无法正常变桨，通常会报"变桨不同步"或"变桨未按指令完成"等信号。此故障需检修人员对比例阀进行检修或更换，特别是要分析损坏原因，如果比例阀阀芯损坏是由液压油污染引起的，则需要先进行液压油处理。

（3）液压油泄漏故障。风机液压变桨系统运行在高压下，通常在200bar（20MPa）左右，对液压阀块、液压缸和液压油管有较高的要求。液压油泄漏主要是由于液压缸、阀块密封失效，接头处紧固松动或液压油管老化造成。大量油液泄漏，不但会引起风机报"液压油位低"停机，还可能造成风机内外部污染，对环境造成影响。此类故障需检修人员检查泄漏部位，进行更换密封圈、紧固接触部位等处理后，再进行补油。

2. 液压变桨系统维护

根据液压变桨系统特点及运行维护经验，在正常进行风机定期维护项目的基础上，应有针对性地开展液压变桨系统易损部件检查、增加油液品质化验频次、定期更换老化密封件等维护项目。

对于在运行过程中发现的易损电气元件，如液压马达接触器和液压阀等，如不在原定检查测试范围内，应修改定检项目，将其列入检查范围。如在定检中发现易损件品质下降严重，可提前进行更换，避免定检后短期内出现故障。

适当降低油品试验周期长周期运行后，风机液压油洁净度会出现不同程度的下降，液压油污染会影响系统的正常工作，降低系统中液压部件的使用寿命。除按期进行液压系统空气滤和油滤的更换外，还要定期清理油箱管道及元件内部的污物，及时更换磨损严重阀块。运行三年及以上的风电机组，如有必要将液压油试验周期由一年调整为半年，便于及时发现油品劣化趋势进行处理。

3. 电动变桨系统典型故障分析

由于电气控制系统相对复杂，风机电动变桨系统实际运行过程中故障率较液压变桨略高。其中，电气控制系统故障占电动变桨系统故障的70%以上，是最主要的故障类型。

（1）变桨电气回路系统故障。变桨电气回路包括变桨变频器、变桨电动机等。其中变频器是伺服驱动的核心部分，变频器输出频率可调、相序可调的交流电到变桨电动机电枢绕组中，控制变桨电动机转动，带动变桨减速机进行桨叶角度调整。变桨电气回路常见故障为变频器损坏、电动机发热、功率不足、接线松动、卡桨等，需要检修人员根据故障报警内容进行故障点判断和处理。如出现卡桨且无明显故障点，则可手动进行多次变桨，直到恢复正常为止。多次出现上述现象，则应考虑加大变桨电动机功率或加强变桨轴承润滑。

（2）变桨集电环故障。电动变桨系统组成部件均处于轮毂内，机舱主系统既要为变桨系统提供动力电源，也要与变桨系统控制器进行通信，因此作为机舱和轮毂电气连接的部件，变桨集电环地位非常重要。变桨系统通信故障或变桨系统供电故障将触发风机安全链动作。紧急停机、变桨集电环故障多由于接线松动或集电环内部接触不良引起，检修时需进行相应的检测，必要时对集电环进行重新清洗，滑道磨损严重时应进行更换。

（3）后备电池故障。电动变桨系统后备电池主要用于在风机失电或紧急情况下给变桨电动机提供动力，确保风机顺桨停机，避免发生飞车等重大事故。风机用后备电池主要有免维护铅酸蓄电池和超级电容两种，其中超级电容电池具有较长的使用寿命，但造价相对较高。由于轮毂内运行环境恶劣，长时间运行后，使用蓄电池作为后备电源的风机经常出现蓄电池故障告警导致风机停机。检修人员可通过程序或人工对蓄电池进行检测，确定电池故障是由于接线松动还是本身品质下降，相应地进行处理。

4. 电动变桨系统维护

由于风机运行中轮毂处于不断旋转状态，在离心力和重力的不断作用下，电动变桨系统各部件均承受了脉动的载荷。加之温度变化，运行工况相对较差。加强变桨系统部件检查和定期维护，可以有效减少变桨系统的故障发生率。

（1）加强变桨传动系统润滑。除按周期对变桨轴承、变桨电动机、减速机进行润滑外，如风机发生卡桨、电动机发热等缺陷，确认原因为变桨转动荷载增加时，应对整个系统重新进行一次润滑维护。

（2）集电环系统维护应严格按厂家推荐方法进行。在实际工作中，由于集电环系统拆卸和维护相对复杂，部分检修人员在进行集电环定检工作时，存在润滑过度或装配环节不能保证集电环内的清洁度问题，给后期运行留下隐患。

（3）定期进行后备电池检测。在定检时用手持式检测仪对电池进行全检，发现内阻增加、容量下降的电池，应及时进行处理或更换。有条件的企业可以安装电池在线检测装置，实现全天候状态检测。当发现全部电池均存在劣化情况时，应全部进行更换。部分厂家推荐每三年进行一次更换。

五、评价方法

（一）叶片

1. 设计阶段

（1）叶片气动设计时应根据使用地区的风资源特点，进行优化分析。

（2）叶片结构设计应考虑实际运行环境条件的影响，在规定的使用环境条件和设计寿命期内，叶片应具有足够的强度和刚度。

（3）叶片设计选型时应考虑盐雾、冰冻、雷电、沙尘、辐射、湿度等因素的影响，同时应考虑叶片噪声对当地居民的安全和环境产生的不利影响。

（4）叶片雷电防护系统设计应按照 GB/T 33629—2017《风力发电机组　雷电防护》要求进行。对于长度超过 20m 的叶片，宜采用不少于一个接闪器以获得理想的拦截效率。接闪器和引下线的材料设计应按照 GB/Z 25427—2010 要求进行。

（5）叶片的设计安全系数应不小于 1.15。

（6）叶片刚度应保证在所有设计工况下，叶片变形后叶尖与塔架的安全距离不小于未变形时叶尖与塔架间距离的 40%。

（7）叶片的固有频率应与叶轮的激振频率错开，避免发生共振。

（8）叶尖应设计有排水孔，避免叶片中的冷凝水积聚，排水孔大小和位置应满足使用要求，同时宜采用预防叶片结冰的设计。

（9）叶片设计寿命应不少于 20 年。叶片的设计寿命可通过计算或疲劳试验确定。

（10）叶片所用材料的性能指标和化学成分应满足 GB/T 25383—2010《风力发电机组　风轮叶片》或其他有关技术规范的要求。

（11）叶片与轮毂、轮毂与主轴、变桨轴承之间必须采用高强度的螺栓连接，并有防止松动的措施。连接螺栓的个数应满足载荷计算及设计安全系数要求。

（12）轮毂的设计载荷应考虑叶片可能承受的最大离心载荷、气动载荷、惯性载荷、重力等因素。

2. 制造监督

（1）叶片的制造过程应满足 GB/T 25383—2010 的要求。

（2）叶片原材料应提供合格证书、检验单、使用说明书。应对原材料进行复检。

（3）叶片定型鉴定时，应进行气动性能试验、静力试验、解剖试验、固有特性试验、雷击试验、定桨距叶片叶尖制动机构功能试验、疲劳试验。应出具叶片型式试验报告。

（4）应对部件的加工过程及完成的叶片成品进行目视检验，应特别注意气泡、褶皱、夹杂、分层、变形、贫胶等。

（5）对叶片及部件内部缺陷，可采用目测、敲击、X 射线或超声波等无损检验方法来检验。

（6）应对叶片接闪器到叶根防雷通道进行检查，叶片接闪器至叶根引下线末端的过渡电阻宜不大于 0.24Ω。

（7）叶片的公差应满足 GB/T 25383—2010 的要求。

（8）叶片出厂检验项目包括但不限于：叶片长度，叶根接口尺寸，叶片质量、配重质量和重心位置，叶片外观质量目视检查，叶片内部缺陷应进行敲击或无损检验，防雷装置检测，对于具有叶尖制动机构的定桨距叶片应进行功能试验，合同确定的其他检验项目。

（9）轮毂制造应按照 DL/T 586—2008《电力设备监造技术导则》及订货技术要求和设计联络会文件的规定执行。

（10）轮毂原材料应提供质量证明书及材质复检报告，包含材质机械性能、球化级别、硬度和金相组织等试验报告。

（11）轮毂的检验项目包括但不限于：铸件表面质量及缺陷检验，铸件无损探伤检测，机械加工尺寸、接口尺寸、形位公差检测，安装标记检查，表面涂层质量检查。

3. 安装监督

（1）叶片安装时应使用专用吊具，保证叶片起吊角度适宜，吊装前应检查叶片外观。

（2）叶片安装时应保证叶片前缘零刻度与变桨轴承内圈（外圈）零刻度对正，紧固过程中叶片不可变桨。

（3）在一台轮毂的三个叶片全部安装完成之前，应有防叶轮倾斜措施。

（4）叶轮吊装前，应保证叶片连接件全部按额定力矩紧固合格，轮毂与主轴连接面和螺纹孔应清理干净。

（5）叶轮安装过程中，应使用牵引风绳控制叶轮方向，风绳的安装应便于拆卸。

（6）叶轮安装时，应避免叶尖触碰地面和塔架。

（7）叶轮吊具撤除后，应盘动高速轴，检查旋转部位，确保叶轮转动时不发生干涉。

（8）叶轮吊装完成后，以额定扭矩对叶片连接件、叶轮与机舱、塔架与机舱及塔架间的所有连接螺栓进行紧固。

4. 运行监督

（1）叶片有无裂纹、鼓包、凹坑、涂层脱落等缺陷。

（2）定桨距风力发电机组的叶尖扰流器（气动刹车）动作是否正常。

（3）检查轮毂、导流罩有无裂纹，导流罩支架是否断裂，紧固件有无松动。

（二）变桨系统

（1）变桨系统的设计应满足 NB/T 31018—2018《风力发电机组电动变桨控制系统技术规范》的规定。

（2）变桨系统应具备手动变桨开关，能分别对每个桨叶进行点动控制。

（3）变桨系统应能接受风力发电机组控制系统指令，实时调节桨距角，达到机组的最优运行和安全运行。

（4）变桨轴承和驱动装置工作是否正常。

（5）变桨控制柜内接线是否有松动。

（6）变桨减速器油液有无渗漏。

（7）变桨距风力发电机组的变桨轴承密封是否良好，有无渗漏。

（8）变桨齿圈、齿面润滑是否良好。

（9）变桨电动机工作有无过热和异响。

（10）液压变桨系统油液有无渗漏。

（11）集电环接线、固定是否正常。

第二节 发电机及传动链系统

一、概述

发电机是根据电磁感应原理运行的，属于感应电机（包含发电机和电动机），是用于机械能和电能相互转换的电磁机械。按照发电机转子速度与定子旋转磁场是否一致，将发电机分为异步型风力发电机和同步型风力发电机。

风机传动链系统是风力发电机组的重要组成部件，其功能是传递机械能，并最终将机械能转换成电能。

二、设备分类

1. 异步发电机类型

按其转子结构不同，异步发电机分为以下两类：

（1）鼠笼型异步发电机。转子为笼型，由于结构简单可靠、廉价、易于接入电网，在小、中型机组中得到大量的使用。

（2）绕线式双馈异步发电机。转子为线绕型，定子与电网直接连接输送电能，同时绕线式转子也经过变频器控制向电网输送有功或无功功率。

2. 同步发电机类型

按其产生旋转磁场的磁极的类型，同步发电机分为以下两类：

（1）电励磁同步发电机。转子为线绕凸极式磁极，由外接直流电流励磁来产生磁场。

（2）永磁同步发电机。转子为铁氧体材料制造的永磁体磁极，通常为低速多极式，不用外界励磁，简化了发电机结构，因而具有多种优势。

3. 风机传动链系统分类

按有无齿轮箱，风机传动链系统可分为有齿轮箱和无齿轮箱两类。

三、设备特性

发电机及传动链的设备特性见表 1-1。

表 1-1　　　　　　　　　　　　发电机及传动链的设备特性

类型	直驱机组	半直驱机组	高速永磁机组	双馈机组
有无齿轮箱	无	有		
传动系统	风轮直接驱动发电机	低传动比齿轮箱、发电机	主轴及其支撑、齿轮箱及其支撑、联轴器、发电机等部件	

续表

类型	直驱机组	半直驱机组	高速永磁机组	双馈机组
发电机类型	低速永磁同步发电机（永磁）	中速永磁同步发电机（永磁）	高速永磁同步发电机（永磁）	绕线式双馈异步发电机（电励磁）
电机滑环	无碳刷、无集电环			半年更换碳刷、2年更换集电环
变流容量	全功率逆变			全功率1/4
优点	（1）传动系统减少，机组可靠性提高。 （2）实现有功、无功的灵活控制。 （3）采用全功率变流器，发电机和电网相互影响小。 （4）后期运维成本低。 （5）机械传动减少，整机效率提高	（1）结合了齿轮驱动和直驱风机的优点，适应各种转速。 （2）避免复杂的多级变速箱，减小了电机体积，减少机舱质量使风机更高效，机舱更紧凑。 （3）特别适用于高单机容量的风机	高速永磁同步发电机机组功率跟踪良好，在电网电压跌落时对电网提供无功支持，具有较强的低电压穿越能力	（1）在原动机变速运行场合，实现高效、优质发电； （2）电网运行效率高，电能质量稳定； （3）变频装置体积小，成本低； （4）允许原动机变速运行，减少调速机机械应力，机组控制更加灵活
缺点	（1）多极永磁发电机直径大、成本高。 （2）定子绕组绝缘等级要求高。 （3）全功率逆变装置，增加控制系统成本。 （4）结构简化，重心前倾，设计和控制上难度加大	（1）引入了齿轮箱，增加了机械维护的工作量。 （2）多极永磁发电机直径大、成本高。 （3）全功率逆变装置，增加控制系统成本	（1）传动链系统故障率较高，维护工作量大。 （2）多极永磁发电机直径大、成本高。 （3）全功率逆变装置，增加控制系统成本	（1）低负荷效率低。 （2）发电机有集电环、碳刷，增加维护工作和故障率。 （3）控制系统复杂。 （4）低转速时需消耗电能

四、先进技术

在国家"双碳"目标的驱动下，风电装机容量逐年增加，特别是大容量机组的不断推出，半直驱机组由于其既避免了传统双馈机型高速齿轮箱故障率较高的弊端，又保留了永磁同步发电机系统优良的低电压穿越（电网支撑）能力和电网适应性，已成为各大主机厂商的主推机型。下面以国内某主机厂商半直驱 5.5MW 机组进行介绍。

机组发电机及传动链系统的主要特点：

（1）重量轻。轻量化的设计减轻了机舱、塔架的重量。

（2）高可靠性。可靠性是机组性能的重要决定性因素，旋转的速度越慢，转动部件及轴承磨损越少，相关零部件的寿命也会更长。

（3）结构紧凑。机组设计充分体现了其独特性，结合了传统双馈型和直驱型机组的传动链布局优势，将主轴承及齿轮箱和发电机组合为一个刚性整体，使设计变得尤为紧凑，充分有效地利用了机舱内部的空间。同时，还缩短了风轮与塔架之间的距离。机组的设计改变了风电机组的传统布局形式。

（4）主轴承及齿轮箱。主轴承采用双列圆锥滚子轴承设计，将风轮载荷传递到传动链支撑结构。通过主轴承和齿轮箱的合理布置，确保风轮载荷不对齿轮造成冲击。

（5）发电机。永磁同步发电机的定子安装在发电机外壳内，配置有专用的冷却系统。先进的永磁技术确保机组在部分功率和满功率状态下都具有较高的效率。永磁同步发电机紧凑、高效，可以最大限度地将风能转化为电能。发电机通过全功率变流器与电网相连，分为整流、逆变、并网三个过程，这种系统拓扑结构可以适应很宽的风轮转速范围。

五、评价方法

1. 发电机轴承绝缘测试

在测量轴承绝缘时，必须提起接地环上的接地碳刷，并且所有相位碳刷都应提起，确保在轴和发电机构架之间没有其他的电接触。测量轴和发电机构架之间的绝缘电阻时，假如电阻读数不能符合要求，需清理端罩绝缘层上的炭尘或其他灰尘。

2. 定、转子绕组绝缘电阻测试

定、转子绕组绝缘电阻是使用绝缘电阻计测量的。如果测量值过低，必须干燥绕组；对于怀疑受潮的发电机，无论测量的绝缘电阻值是多少，都应仔细干燥；绕组温度升高，绝缘电阻值会降低。

3. 定、转子直流电阻测量

用电桥测量发电机定、转子直流电阻，三角形接法时三相不平衡度≤±1.5%，星形接法时三相不平衡度≤±2%（也可根据厂家维护手册要求）。

4. 检测齿轮箱与发电机对中

联轴器运行时要求发电机输入轴与齿轮箱输出轴同心。定期使用对中仪检查发电机对中情况，并做好偏差记录。

第三节　偏航系统

一、概述

偏航系统是水平轴式风力发电机组必不可少的组成部分之一。偏航系统的主要作用有两个：①与风力发电机组的控制系统相互配合，使风力发电机组的风轮始终处于迎风状态，以便最大限度地吸收风能，提高风力发电机组的发电效率；②提供必要的锁紧力矩，以保障风力发电机组在完成对风动作后能够安全定位运行。

偏航系统有被动偏航系统和主动偏航系统两种。被动偏航系统是当风轮偏离风向时，利用风压产生绕塔架的转矩使风轮对准风向，如果是上风向，则必须有尾舵；如果是下风向，则利用风轮偏离后推力产生的恢复力矩对风。但大型风力发电机组很少采用被动偏航系统，被动偏航系统不能实现电缆自动解扭，易发生电缆过扭故障。主动偏航则是采用电力或液压驱动的方式让机舱通过齿轮传动使风轮对准风向来完成对风动作。

偏航系统位于塔架与主机架之间，由驱动装置和侧面轴承、滑动垫片、大齿圈等零部件组成，如图1-4所示。大齿圈与塔筒紧固在一起，偏航驱动装置和侧面轴承均与主机架连接在一起，外部有玻璃钢罩体的保护，大齿圈的上下及侧面布置滑动垫片，在偏航时机舱能在此滑动片上滑动旋转。当风向改变时，风向仪将信号传到控制系统，控制驱动装置工作，小齿轮在大齿圈上转动，从而带动机舱旋转，使得风轮对准风向。

图1-4　偏航传动机构

机舱可以朝两个方向旋转，旋转方向由接近开关进行检测。当机舱向同一个方向偏航的极限达到±700°时，限位开关将信号传到控制装置后，控制机组快速停机，并反转解缆。

在布置偏航系统时应考虑如下因素：

（1）偏航轴承的位置，应与机舱对称面对称。另外，还要将风轮仰角、风轮锥角、运行时叶尖的最大挠度等因素考虑在内，并确保叶尖与塔架外侧的距离大于安全距离。

（2）偏航驱动器、阻尼器和偏航制动装置应沿圆周方向等距离布置，使其作用力均匀分布。否则，驱动偏航时除了旋转力矩外，还会引起附加的剪力，从而增加偏航轴承的负担。

（3）尽可能采用内齿圈偏航驱动，即轮齿布置在塔架之内，如图1-5所示。这样偏航驱动小齿轮和偏航传感器都装在塔架内部，使安装、维修和调整都比较方便。

（4）安装偏航装置的滑板时，必须使水平接触面和侧面接触面分别可靠贴合，以确保机组安全。只要一块滑板的连接失效，它的载荷立即转移到其他滑板上，从而使其他滑板的连接装置过载，可能相继引起所有滑板失效，导致机头掉落。

二、工作原理

由于风向经常改变，若风轮扫掠面和风向不垂直，不但功率输出减少，而且承受的载荷更加恶劣。偏航系统的功能就是跟踪风向的变化，驱动机舱围绕塔架中心线旋转，使风轮扫掠面与风向保持垂直。机舱的偏航运动是由偏

图1-5 安装在机舱和塔架内部的偏航装置

航齿轮装置自动执行的，它是根据风向仪提供的风向信号，由控制系统发出指令，通过传动机构使机舱旋转，让风轮始终处于迎风位置。

风向标是偏航系统的传感器。当控制器接收到风向信号时，首先与风轮的方位进行比较，然后发出指令给偏航驱动装置，驱动小齿轮沿着与塔架顶部固定的大齿轮转动，带动机舱旋转，直到风轮对准风向后停止。偏航轴承有滚动轴承和滑动轴承两种，大型机组大多采用滚动轴承，如图1-6所示。机舱在反复调整方向的过程中，有可能发生沿着同一方向累计转了许多圈，造成机舱与塔底之间的连接电缆扭绞在一起，造成故障，因此偏航系统还应具备解缆功能，机舱沿着同一方向累计转了若干圈后，必须反向回转，直到扭绞的电缆松开。

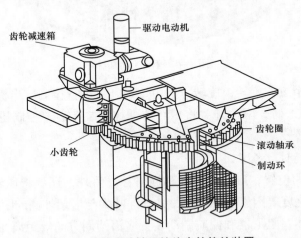

图1-6 带滚动轴承的外齿轮偏航装置

三、设备特性

偏航系统一般由偏航轴承、偏航驱动装置、偏航制动装置和阻尼器、偏航传感器、纽缆保护装置等部分组成。

（一）偏航轴承

1. 结构形式

偏航轴承有滑动轴承和滚动轴承两种。滑动轴承由偏航盖板、回转盘、偏航滑板等组成，如图 1-7 所示。盖板连于机舱，回转盘连于塔架，滑板连于盖板，将回转盘的一部分卡在中间，因此机舱可沿回转盘转动而不会与其脱离。盖板、滑板与回转盘之间都衬有减磨材料，以减少摩擦和磨损。该轴承的优点是生产简单，与滚动轴承相比，其摩擦力大且能调节，可以省却偏航阻尼器和偏航制动装置，整个系统成本低。其缺点是偏航驱动功率比滚动轴承大，机构可靠性较差。

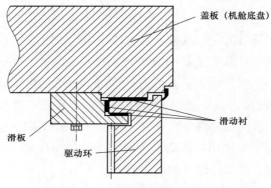

图 1-7　偏航滑动轴承结构

偏航使用的滚动轴承是一种回转支承，由内、外环和滚动体组成。动环（可以是内环或外环）连于机舱，静环连于塔架，静环作为驱动环有轮齿，滚动体可以是钢球，也可以是短圆柱滚子。采用滚动偏航轴承时，不采用独立的驱动环，而是集成在轴承上。因此风力发电机组的偏航系统有外驱动和内驱动之分，外驱动的驱动环是外齿，内驱动的驱动环是内齿，内、外驱动用轴承各不相同。外驱动轴承以外环作驱动环，轮齿在外环上，安装时内环与机舱、外环与塔架分别用螺栓连接，驱动小齿轮位于塔架之外（参考安装在机舱和塔架内部的偏航装置）；内驱动用的则相反（见图 1-8）。采用滚动轴承时，系统必须有制动和阻尼装置，因此成本较高；其优点是可靠性高，偏航驱动功率较小。

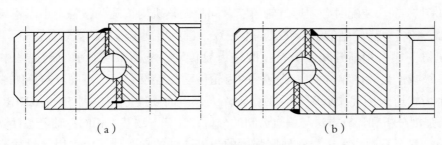

（a）　　　　　　　　　　　　　（b）

图 1-8　偏航滚动轴承

（a）外齿形式；（b）内齿形式

2. 材料和强度要求

（1）偏航轴承齿圈的材料推荐采用 42CrMoA 或 34CrNiMo6。一般进行淬火和回火热处理工艺，保证齿部和滚道具有足够的强度和硬度。齿轮精度要求达到 GB/T 10095 规定的 8～9 级。齿轮强度计算方法参照 GB/T 3480《直齿轮和斜齿轮承载能力计算》及 GB/Z 6413—2003《圆柱齿轮、锥齿轮和双曲面齿轮 胶合承载能力计算方法》系列标准进行计算。对齿轮强度分析时，建议使用以下系数：

静强度分析。对齿表面接触强度，安全系数 $S_H > 1.0$；对轮齿齿根断裂强度，安全系数 $S_F > 1.2$。

疲劳强度分析。对齿表面接触强度，安全系数 $S_H > 0.6$；对轮齿齿根断裂强度，安全系数 $S_F > 1.0$。

一般情况下，对于偏航齿轮，其疲劳强度计算用的使用系数 $K_A = 1.3$。

（2）偏航轴承部分的计算方法参照 DIN ISO 281 或 JB/T 2300—2018《回转支承》进行，对轴承进行强度分析时应考虑：在静态计算时，轴承的极端载荷应大于静态载荷的 1.1 倍，轴承的寿命应按风力发电机组的实际运行载荷计算；制造偏航齿圈的材料还应在 −30℃ 条件下进行 V 形切口冲击能量试验，要求三次试验平均值不小于 27J。

（3）偏航轴承的润滑应使用制造商推荐的润滑剂和润滑油，通常在轴承的上、下端面采用特殊的端面密封，以保持较好的润滑效果。

（二）偏航驱动装置

偏航驱动装置用于提供偏航运动的动力，一般由驱动电动机或液压马达、减速器、传动齿轮、轮齿间隙调整机构等组成，如图 1-9 所示。风力发电机组的偏航转动通常由齿轮副完成，而齿轮传动又分为外齿啮合和内齿啮合两种形式。偏航驱动装置可以采用电动机驱动或液压马达驱动，制动器可以是常闭式或常开式。常开式制动器一般是指有液压力或电磁力拖动时，制动器处于锁紧状态的制动器；常闭式制动器一般是指有液压力或电磁力拖动时，制动器处于松开状态的制动器。采用常开式制动器时，偏航系统必须具有偏航定位锁紧装置或防逆传动装置。

由于偏航速度低，驱动装置的减速器一般选用多级行星减速器或蜗轮蜗杆与行星串联减速器。按照机组偏航传动系统的结构需要，可以布置多个减速机驱动装置（见图 1-5 和图 1-7）。装配时必须通过轮齿啮合间隙调整机构正确调整各个小齿轮与齿圈的相互位置，使各个齿轮副的啮合状况基本一致，避免出现卡滞或偏载现象。

减速机一般采用渐开线四级行星圆柱齿轮传动，从图 1-9 所示的剖视图中可以看到，其各级减速齿轮的结构与一般应用的齿轮传动装置没有什么不同。与偏航轴承齿圈啮合的小齿轮应采用优质低碳合金钢渗碳淬火，齿面硬度值应达到 58～62HRC，而精度要求、强度分析和计算方法与偏航齿圈的分析和计算方法基本相同；轴静态计算应采用最大载荷，安全系数应大于材料屈服强度的 1 倍；轴的动态计算应采用等效载荷并同时考虑使用系数 $K_A = 1.3$ 的影响，安全系数应大于材料屈服强度的 1 倍。偏航驱动装置要求启动平稳，转速均匀无振动现象。

图 1-9　偏航电机驱动装置

　　偏航驱动齿轮要与偏航驱动环（轮齿）匹配，驱动器的驱动力矩必须大于最大阻力矩。阻力矩包括偏航轴承的摩擦力矩、阻尼机构的阻尼力矩、风轮气动力偏心和质量偏心形成的偏航阻力矩以及风轮的附加力矩等。

（三）偏航制动装置和阻尼器

　　偏航制动装置主要作用是风电机组不偏航时，避免机舱因偏航干扰力矩而做偏航振荡运动，防止损伤偏航驱动装置。偏航阻尼器的作用是保证偏航运动平稳。为避免湍流及风轮叶片受力不平衡所产生的偏航力矩而引起的机舱左右摆动，应采用偏航制动器（或阻尼器）来遏制产生偏转振荡位移；否则会引起驱动小齿轮与驱动环轮齿间的来回撞击，使轮齿和小齿轮轴承受很大的交变载荷，引起轮齿和轮轴过早疲劳失效。

　　当偏航系统使用滑动轴承时，因其摩擦阻尼力矩比偏航干扰力矩大得多，故一般不需要另外配置制动装置和阻尼器。偏航制动装置和阻尼器仅在使用滚动偏航轴承的系统中应用。

　　偏航制动装置有集中式、分散式、主动式和被动式等几种类型。

　　集中式一般使用类似于风轮的圆盘式机械制动装置，用固定圆环代替旋转圆盘，固定夹钳代替随机舱运动的夹钳。机舱静止时全部夹钳施加全部夹紧力起制动作用，偏航时部分夹钳释放而部分夹钳施加部分夹紧力起阻尼作用。分散式是使用数量多达十几个乃至几十个小的被动式阻尼器，阻尼器由摩擦块、压力弹簧、压力调节螺杆和壳体组成，如图 1-10 所示。

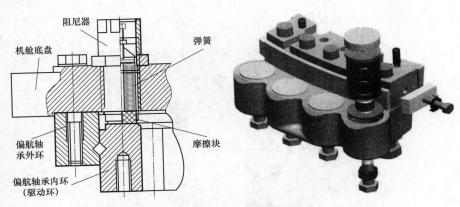

图 1-10　阻尼器

制动器应在额定负载下稳定产生制动力矩，其值应不小于设计值。在机组偏航过程中，制动器提供的阻尼力矩应保持平稳，与设计值的偏差应小于5%，制动过程不得有异常噪声。制动器在额定负载下闭合时，制动衬垫和制动盘的贴合面积应不小于设计面积的50%；制动衬垫周边与制动钳体的配合间隙任一处应不大于0.5mm。在偏航系统中，制动器可以采用常闭式和常开式两种结构形式，常闭式制动器是在有动力的条件下处于松开状态，常开式制动器则是处于锁紧状态。两种形式相比较并考虑失效保护的要求，一般采用常闭式制动器。常闭式制动器的制动和阻尼作用原理如图 1-11 所示，制动块抵住制动盘的端面，由油缸中弹簧的弹力产生制动和阻尼作用。当要求机组做偏航动作时，从接头的油管通入的压力油压紧弹簧，使机舱能够在偏航驱动装置的带动下旋转。油缸中油压力大小决定制动器的松开程度以及阻力矩的数值。制动阻尼器的安装位置、管路连接如图 1-12 和图 1-13 所示。

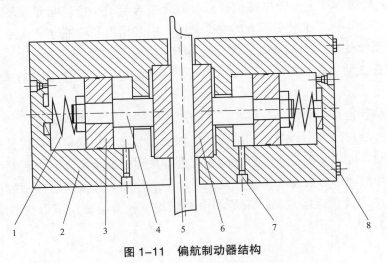

图 1-11　偏航制动器结构

1—弹簧；2—制动钳体；3—活塞；4—活塞杆；5—制动盘；6—制动块；7—接头；8—螺栓

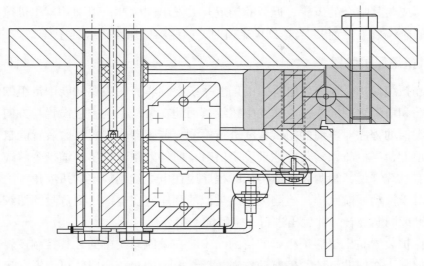

图 1-12　制动阻尼器安装示意

图 1-13　制动阻尼器的管路连接

制动钳上的制动块由专用的摩擦材料制成，一般采用铜基或铁基粉末冶金材料制成。铜基粉末冶金材料多用于湿式制动器，而铁基粉末冶金材料多用于干式制动器。制动器应设有自动补偿机构，以便在制动衬块磨损时进行自动补偿，保证制动力矩和偏航阻尼力矩的稳定。制动盘通常设置在塔架与机舱的连接处，制动盘的材质应具有足够的强度和耐磨性，如果与塔架采用焊接连接，还应具有比较好的可焊性。在机组寿命期内制动盘不应出现疲劳损坏。制动盘的固定连接必须稳定可靠，制动表面粗糙度（Ra）应达到 3.2μm。

（四）偏航传感器

偏航传感器用于采集和记录偏航位移。位移一般以当地北向为基准，有方向性。传感器的位移记录是控制器发出电缆解扭指令的依据。偏航传感器一般有两种类型：一类是机械式传感器，传感器有一套齿轮减速系统，当位移到达设定位置时，传感器即接通触点（或行程开关）启动解缆程序解缆；另一类是电子式传感器，由控制器检测两个在偏航齿环（或与其啮合的齿轮）近旁的接近开关发出的脉冲，识别并累积机舱在每个方向上转过的净齿数（位置），当达到设定值时，控制器即启动解缆程序解缆。

（五）扭缆保护装置

解缆和扭缆保护是风力发电机组的偏航系统必须具有的主要功能。机组的偏航动作会导致机舱和塔架之间的连接电缆发生扭绞，因此在偏航系统中应设置与方向有关的计数装置或类似的程序对电缆的扭绞程度进行检测。传感器或行程计数装置能自动记录电缆的扭绞角度，当机舱回转角度达到设定值时，向偏航系统发出解缆指令解缆。一般对于主动偏航系统来说，检测装置或类似的程序应在电缆达到规定的扭绞角度之前发出解缆信号；对于被动偏航系统，检测装置或类似的程序应在电缆达到危险的扭绞角度之前禁止机舱继续同向旋转，并发出进行人工解缆的指令。

扭缆保护装置是出于保护机组的目的而安装在偏航系统中的，其控制逻辑应具有最高级别的权限，在偏航系统的偏航动作失效后，电缆的扭绞会威胁机组安全运行，一旦这个装置被触发，风力发电机组必须紧急停机。

由电缆限扭开关设置的偏航位移要比程序设置的大一些，当回转角度达到规定值时，限扭开关动作。由于限扭开关连接在机组安全电路中，电路断开，机组安全系统即控制机组停机。偏航系统中设置的偏航计数器用于记录偏航系统所运转的圈数，当偏航系统的偏航圈数达到设计规定的解缆圈数时，计数器则给控制系统发信号，使机组自动进行解缆并复位。计数器的设定条件是根据机组电缆悬垂部分的允许扭转角度来确定的，设定值要小于电缆所允许扭转的角度。计数器一般是一个带控制开关的蜗轮蜗杆装置或是与其相类似的程序控制装置。

（六）偏航转速

对于并网型风力发电机组的运行状态来说，风轮轴和叶片轴在机组的正常运行时不可避免地产生陀螺力矩，使风电机组的附加载荷增加，尤其是叶片。这个力矩过大将对风力发电机组的寿命和安全造成影响。为减少这个力矩对风力发电机组的影响，偏航系统的偏航转速应根据风力发电机组的功率通过偏航系统力学分析来确定。陀螺力矩大小与作用在部件上的作用力和偏航速度成正比，因此一般偏航速度都很小。根据实际生产和目前国内已安装的机型的实际状况，偏航系统的偏航转速推荐值见表1-2。

表1-2 偏航转速推荐值

风力发电机组功率（kW）	100～200	250～300	500～700	800～1000	1200～1500
偏航转速（r/min）	≤ 0.3	≤ 0.18	≤ 0.1	≤ 0.092	≤ 0.085

（七）偏航液压系统

并网型风力发电机组的偏航系统一般都设有液压装置，液压装置的作用是控制偏航制动器松开或锁紧。一般液压管路应采用无缝钢管制成，柔性管路连接部分应采用合适的高压软管。连接管路连接组件应通过试验保证偏航系统所要求的密封和承受工作中出现的动载荷。液压元器件的设计、选型和布置应符合液压装置的有关规定和要求。液压管路应能够保持清洁并具有良好的抗氧化性能。液压系统在额定的工作压力下不应出现渗漏现象。

（八）润滑

偏航系统必须设置润滑装置，以保证驱动齿轮和偏航齿圈的润滑。最简单的方法就是人工定期在齿轮齿圈上涂抹润滑脂。也可以设置自动电子油脂罐集中供油系统，按设定的程序自动挤出油罐中的油脂，通过配油小齿轮对齿圈供给润滑油脂。为了防止废油脂污染，还应设置油脂回收装置。

（九）电缆

为保证机组悬垂部分电缆不至于产生过度的扭绞而使电缆断裂失效，必须使电缆有足够的悬垂量，在设计上要采用冗余设计。电缆悬垂量的多少根据电缆所允许的扭转角度确定。

四、常见故障及维护

（一）常见故障及原因

1. 齿圈齿面磨损

原因有：

（1）齿轮副长期啮合运转。

（2）相互啮合的齿轮副齿侧间隙中入杂质。

（3）润滑油或润滑脂严重缺失使齿轮副处于干摩擦状态。

2. 液压管路渗漏

原因有：

（1）管路接头松动或损坏。

（2）密封件损坏。

3. 偏航压力不稳

原因有：

（1）液压管路出现渗漏。

（2）液压系统的保压蓄能装置出现故障。

（3）液压系统元器件损坏。

4. 异常噪声

原因有：

（1）润滑油或润滑脂严重缺失。

（2）偏航阻尼力矩过大。

（3）齿轮副轮齿损坏。

（4）偏航驱动装置中油位过低。

5. 偏航定位不准确

原因有：

（1）风向标信号不准确。

（2）偏航系统的阻尼力矩过大或过小。

（3）偏航制动力矩达不到机组的设计值。

（4）偏航系统的偏航齿圈与偏航驱动装置的齿轮之间的齿侧间隙过大。

6. 偏航计数器故障

原因有：

（1）连接螺栓松动。

（2）异物侵入。

（3）连接电缆损坏。

（4）磨损。

（二）偏航系统零部件的维护

1. 偏航制动器。

需要注意的问题有：①液压制动器的额定工作压力；②每个月检查摩擦片的磨损情况和裂纹。

必须进行的检查有：①检查制动器壳体和制动摩擦片的磨损情况，如有必要，进行更换；②根据机组的相关技术文件进行调整；③清洁制动器摩擦片；④检查是否有漏油现象；⑤当摩擦片的最小厚度不足 2mm 时，必须进行更换；⑥检查制动器连接螺栓的紧固力矩是否正确。

2. 偏航轴承。

需要注意的问题有：①检查轴承齿圈的啮合齿轮副是否需要喷润滑油，如需要，喷规定型号的润滑油；②检查是否有异常的噪声；③检查连接螺栓的紧固力矩是否正确。

必须进行的检查有：①检查轮齿齿面的腐蚀情况；②检查啮合齿轮副的侧隙；③检查轴承是否需要加注润滑脂，如需要，加注规定型号的润滑脂。

3. 偏航驱动装置。

必须进行的检查有：①检查油位，如低于正常油位应补充规定型号的润滑油到正常油位；②检查是否有漏油现象；③检查是否有非正常的机械和电气噪声；④检查偏航驱动紧固螺栓的紧固力矩是否正确。

（三）偏航系统的维修和保养

1. 应进行的检查

（1）每月检查油位，如有必要，补充规定型号的油到正常油位。

（2）运行 2000h 后，需用清洗剂清洗，并更换机油。

（3）每月检查以确保没有噪声和漏油现象。

（4）检查偏航驱动与机架的连接螺栓，保证其紧固力矩为规定值。

（5）检查齿轮副的啮合间隙。

（6）检查制动器的额定压力是否正常，最大工作压力是否为机组的设计值。

（7）检查制动器压力释放、制动是否有效。

（8）检查偏航时偏航制动器的阻尼压力是否正常。

2. 维护和保养

（1）每月检查摩擦片的磨损情况，检查摩擦片是否有裂缝存。

（2）当摩擦片最低点的厚度不足 2mm 时，必须更换。

（3）每月检查制动器壳体和机架连接螺栓的紧固力矩，确保其为机组的规定值。

（4）检查制动器的工作压力是否在正常的工作压力范围之内。

（5）每月对液压回路进行检查，确保液压油路无泄漏。

（6）每月检查制动盘和摩擦片的清洁度、有无机油和润滑油，以防制动失效。

（7）每月或每 500h，应向齿轮副喷洒润滑油，保证齿轮副润滑正常。

（8）每 2 个月或每 1000h，检查齿面的腐蚀情况，检查轴承是否需要加注润滑脂，如需要，加注规定型号的润滑脂。

（9）每 3 个月或每 1500h，检查轴承是否需要加注润滑脂，如需要，加注规定型号的润滑脂，检查齿面是否有非正常的磨损与裂纹。

（10）每 6 个月或每 3000h，检查偏航轴承连接螺栓的紧固力矩，确保紧固力矩为机组设计文件的规定值，全面检查齿轮副的啮合侧隙是否在允许的范围之内。

五、评价方法

查看设备台账、运行记录、缺陷记录、巡视记录、定检记录、相关报告及现场检查，要求：

（1）变桨轴承表面防腐层无脱落，变桨轴承和驱动装置的表面清洁。

（2）变桨轴承（内圈、外圈）密封良好。

（3）变桨齿轮齿面无损坏、锈蚀。

（4）电动变桨系统的电动机运行正常，无过热、振动及噪声。

（5）变桨齿轮箱油位正常，变桨齿轮箱无渗漏油，变桨齿圈润滑系统工作正常。

（6）检查变桨小齿轮与变桨齿圈的啮合间隙。

（7）变桨同步正常。

（8）变桨控制柜、轮毂之间缓冲器（易损件缓冲块）磨损后能及时更换。

（9）各撞块螺栓紧固无松动。

（10）维护工作应符合标准要求。

（11）存在缺陷时应能及时处理、消除。

（12）巡检、消缺记录齐全。

第四节　塔架及基础

一、塔架

（一）型号及类型简介

风机塔架是风力发电机组支撑结构的一部分，连接下部基础和上部主机部分。

1.塔架的刚度分类

根据刚度，塔架可分为硬塔、软塔、甚软塔（柔性塔）。$f > kn$ 的称为硬塔；$n < f < kn$ 的称为软塔；$f < n$ 的称为甚软塔（柔性塔），其中，f 为塔架的固有振动频率、n 为风轮的转速、k 为风机的叶片数。

柔塔的"柔"与风机叶轮额定转速有关。叶轮额定转速下的1阶频率称为1P，3阶频率称为3P，当塔架自身的固有频率在叶轮1阶频率以上的，是传统塔架；在叶轮1阶频率以下的，是柔塔。

2.塔架的结构类型分类

按结构类型分类，塔架主要分为桁架型结构塔架、多边形全拼装塔架、圆筒形塔架、混凝土塔架。

3.塔架的结构材料分类

按结构材料分类，塔架可分为钢结构塔架和钢筋混凝土塔架。

（二）设备原理

桁架型结构塔架：是由杆件彼此在两端用铰链连接而成的结构。桁架由直杆组成的一般具有三角形单元的平面或空间结构，桁架杆件主要承受轴向拉力或压力，从而能充分利用材料的强度，在跨度较大时可比实腹梁节省材料，减轻自重，增大刚度。

圆筒形塔架：一般为采用钢板卷制、焊接等形式组成的柱体或者锥体结构，内部附有机械内件和电器内件等辅助设备。风机塔架包括塔体、爬梯、电缆、电缆梯、平台等结构。

多边形全拼装塔架：加工简单，能够进行热镀锌防腐，运输方便，具有广阔的前景。拼装塔架也可以制成阶梯多棱柱形。

混凝土塔架：是由预应力钢筋混凝土塔为主要受力体系的用于支撑风力发电机组的结构。

（三）设备特性

桁架型塔架在早期风力发电机组中大量使用，其主要优点为制造简单、成本低、运输方便；但其主要缺点为不美观，通向塔顶的上下梯子不好布置，上下塔架时安全性差。

圆筒形塔架在当前风力发电机组中大量使用，其优点是美观大方，上下塔架安全可靠。

柔性塔是专门为低风速、大容量和大叶轮机组所设计的一款塔架产品。柔性塔设计是利用风剪切的影响，通过增加塔架高度追求更高更稳定的高空风资源，以增加发电量为目的，同时精益化塔架设计，采用先进的控制技术，匹配整机开发，从而达到合理使用钢材、降低塔架重量的目的。

钢筋混凝土结构塔架的最大优点是刚度大，自振频率低，很容易制作出需要的各种形状和尺寸。

钢结构塔架的塔筒门框、法兰、基础环材料的选用应考虑风力发电机组所在位置环境温度，塔筒材料选用原则为：环境温度 $T > -20℃$时，选择 Q345C；环境温度 $-40℃ < T ≤ -20℃$时，选择 Q345D；环境温度 $T ≤ -40℃$时，选择 Q345E。

塔架焊接按照 GB/T 12467—2009《金属材料熔焊质量要求》系列标准所有部分、NB/T 47015—2011《压力容器焊接规程》或国际焊接质量体系标准 ISO 3834 相关部分要求执行。

（四）先进技术

1. 钢—混组合结构（刚性高风塔）

刚性方案特点在于结构刚度大，阻尼比大，可直接有效避免塔身与机头的共振。目前已有的刚性塔方案大多为混凝土结构或钢—混组合结构。但相比于全钢结构塔而言，混凝土塔施工过程铺场大、周期长，工业化程度较低。

2. 全钢分片式塔架

全钢分片式塔架属于行业领先技术产品，具有以下优点：

（1）承载能力强。可在控制板材厚度及重量的同时，通过增大塔架直径，极大地提升塔架承载能力。

（2）运输便利性高。可采用堆叠式或单片式运输，不受季节和地域限制，不受道路及车辆限制，解决了高塔运输这一最大难题。

（3）组装效率高。内附件采用模块化设计并进行预组装，减少了现场安装时间，提高安装效率。

（4）免维护，可监测。片体组装的纵向法兰连接采用高速铁路成熟的高强环槽铆钉技术，其预紧力稳定性好、抗疲劳性能好，能实现免维护，并在关键位置的铆钉安装轴力监测装置，实时监控铆钉的轴力变化，保证塔架安全。

（5）个性化强，可定制。可根据项目机位载荷灵活定制，为陆上大兆瓦机组提供了安全、可靠的支撑结构方案。

（6）塔架经济性高。分片式塔架进行轻量化设计制造，在满足强度和承载能力的同时，提升了产品经济性。

3. 塔架式钢管风电塔（刚性高风塔）

桁架式预应力抗疲劳钢管风电塔方案：塔身采用全钢结构，以提升刚性风塔的工业化程度；将塔身底部设计为桁架式，高效提高结构刚度；对塔柱施加预压力，以提高塔柱节点的抗疲劳性能。

风电柔性塔、桁架塔、钢混塔不再泾渭分明，交叉、重组与融合凸显未来高塔技术的进化。

柔性塔存在一定技术门槛，主要表征为塔筒频率降低容易导致"塔筒共振"和"涡激振动"。涡振严重时会造成倒塔事故，因此需要先进的控制技术规避风险，对整机技术能力提出较高要求。

（五）评价方法

（1）塔架的设计载荷、强度计算，应符合 GB/T 19072—2022《风力发电机组 塔架》、JB/T 10300 的要求；应根据风力发电场所处地点，考虑环境温度、风况、地质条件、当地运输条件，确定塔架的设计要求；台风型风力发电机组塔筒的负荷计算参考 GB/T 31519—2015《台风型风力发电机组》的相关要求。

（2）设计阶段应通过计算分析或试验确定塔架（在整机状态下）的固有频率和阻尼特性，并进行共振计算分析，使其固有频率避开风轮旋转频率及叶片固有频率。

（3）通过合理的塔架设计、材料选择和防护措施来减少外部条件对塔架安全性和稳定性的要求；非塔架主体材料与塔架主体焊接时，应与塔架主体材料相匹配。

（4）风力发电机组塔筒的制造必须由具备专业资质的机构进行监造和监检；审查塔筒制造的焊接工艺规程，应符合国家相关标准及技术协议的要求；重点审核塔筒钢板及法兰的质量证明书。

（5）风力发电机组运行期间，应加强对塔架的巡检，当发生螺栓松动、焊缝开裂、筒体裂纹等情况，应立即停机检查、分析故障原因并采取处理措施。

（6）发生火灾后，应对过火区域及其周围的塔筒材料、机舱底盘（底座）材料进行无损检测和材质检测。

（7）风力发电机组运行中达到设计极限风速值的 80% 以上运行工况后，应对每台风力发电机组塔筒及连接螺栓做外观检查；必要时做无损检测。

（8）风力发电机组塔架在运行、检修期间的定期检查、维护工作。

（9）在塔筒上进行开孔或焊接等工作前，应组织第三方对施工方案和工艺进行评定，并进行载荷校验，在不改变塔架载荷的情况下方可施工。

二、基础

（一）型号及类型简介

风电机组基础是风电塔筒在陆地或海床上能够稳固竖立的重要前提，风电机组基础应有足够的强度，以承受设计所要求的动、静载荷，基础不应该发生明显的、不均匀的下沉。

陆上风电机组基础形式主要有基础环式基础和预应力锚栓式基础。海上风电机组基础形式主要有重力式基础、单桩式基础、三脚架式基础、导管架式基础、多桩式基础。

（二）设备原理

1. 基础环式基础

基础环式基础就是把基础环埋到风机基础里面，形成基础和塔筒的连接。这种连接方式历史比较悠久，工程设计经验丰富，施工技术也比较成熟。对于采用基础环连接方式的风机基础，基础环直径比较大，实质是一个厚壁钢筒，埋入基础中的深度较浅，可以视作一个刚体，其弹性模量与混凝土差别非常大。基础环埋入混凝土中的部分是一个刚性结构，而露出部分以及整个塔筒又是一个柔性体，在基础环和混凝土基础最上面的交线处，以及下法兰附近，容易出现应力集中现象。如果基础环在这些部位材料有缺陷或承受的应力过大，在长期交变荷载的作用下，就很容易在这些部位造成疲劳破坏。

2. 预应力锚栓式基础

预应力锚栓式基础并不是将锚栓和混凝土浇筑在一起，而是由上锚板、下锚板、锚栓、PVC护管等组成，在上锚板和下锚板之间用PVC护管将锚栓与混凝土隔离且要密封，浇筑过程中水不能进入到护管内，以免对锚栓造成腐蚀。当锚栓受到拉力时，锚栓的下锚板以上部分会均匀受力，整个锚栓是一个弹性体，没有弹性部分和刚性部分的分界面，从而避免了应力集中。由于对锚栓施加预应力，混凝土基础始终处于受压状态，因此采用预应力锚栓的风机基础不会出现基础环两侧混凝土出现应力集中而产生破坏的情况。

3. 重力式基础

重力式基础主要依靠自身质量使风机矗立在海面上。

4. 单桩式基础

单桩式基础由一个直径为 3～4.5m 的钢桩构成。钢桩安装在海床下 18～25m 的地方，其深度由海床地面的类型决定。

5. 三脚架式基础

三脚架式基础是由石油工业中轻型、经济的三支腿导管架发展而来的，由圆柱钢管构成。三脚架的中心钢管提供风机塔架的基本支撑，类似单桩结构，三脚架可采用垂直或倾斜套管，支撑在钢桩上。

6. 导管架式基础

导管架式基础是深海海域的风电场未来发展的趋势之一，属于"网格的三脚架式基础"，导管架的负荷由打入地基的桩承担。

7. 多桩式基础

多桩式基础又称群桩式高桩承台基础，是海岸码头和桥墩基础的常见结构，由基桩和上部承台组成。

（三）设备特性

1. 基础环式基础优缺点

（1）优点：基础环的防腐与塔架的防腐方案一致，因此不存在后期使用过程中基础环的腐蚀问题。

（2）缺点：基础环与混凝土基础连接部位存在刚度突变，因此基础环附近混凝土容易疲劳破坏，设计时需特别重视。

（3）适用条件：适用于所有陆上场地。

2. 预应力锚栓式基础优缺点

（1）优点：锚栓的下端固定在基础的底部，因此整个基础中不存在刚度突变，受力合理，不存在混凝土疲劳等问题。

（2）缺点：国内目前的锚栓防腐均存在问题，锚栓腐蚀后，承载力降低，从而存在安全隐患；锚栓如果在施工中被拉断，断后更换成本巨大。

（3）适用条件：适用于所有陆上场地。

3. 重力式基础优缺点

（1）优点：结构简单，造价低且不受海床影响，稳定性好。

（2）缺点：需要进行海底准备，水下工作量大，结构整体性和抗震性差，需要各种填料，且需求量很大；对运输基础底座沉箱的船舶要求很高。目前国内外较少使用。

（3）适用条件：仅适用于浅水区域。

4. 单桩式基础

（1）优点：无需整理海床，自重轻、构造简单、受力明确。

（2）缺点：需防止海流对海床的冲刷，受潮汐、浪涌冲击的影响较大。

（3）适用条件：应用范围水深小于 25m，且不适用于海床内有巨石的位置。

5. 三脚架式基础

（1）优点：基础自重较轻，整个结构稳定性较好。

（2）缺点：基础的水平度控制需配有浮坞等海上固定平台完成。

（3）适用条件：适用水深 15 ~ 30m，不适于在海床存在大面积岩石的情况。

6. 导管架式基础

（1）优点：导管架式基础强度高，安装噪声较小，重量轻，适用于大型风机，深海领域。

（2）缺点：需要大量的钢材，受海浪影响，容易失效，安装的时候受天气影响较严重。

（3）适用条件：适用水深 15 ~ 30m，不适于在海床存在大面积岩石的情况。

7. 多桩式基础

（1）优点：对结构受力和抵抗水平位移较为有利。

（2）缺点：桩基相对较长，总体结构偏于厚重。

（3）适用条件：适用水深 5 ～ 20m。

（四）先进技术

1. 吸力式基础

吸力式基础分为单柱及多柱吸力式沉箱基础等。吸力式基础通过施工手段将钢裙沉箱中的水抽出形成吸力。该基础可大大节省钢材用量和海上施工时间，具有较良好的应用前景，目前其可行性尚处于研究阶段。

2. 飘浮式基础

漂浮式基础是未来深海海域风电场应用的趋势之一，目前在挪威西南部海岸 10km 处有一台实验机组飘浮基础投入运行。据介绍，漂浮式基础风力发电机组可适用于水深 120 ～ 700m 的海域，而目前海上机组基本都是在水深 60m 以下。

（五）评价方法

1. 陆上基础

（1）沉降观测。

（2）混凝土承台无损检测。

（3）基础防渗检测。

2. 海上基础

（1）沉降观测。

（2）金属部件腐蚀监测。

（3）洋流冲刷监测。

第五节　风力发电控制系统

一、型号及类型简介

风力发电控制系统主要有双馈风力发电控制系统和直驱式永磁风力发电控制系统两种类型。双馈风力发电控制系统是风力发电领域中常见且应用最为广泛的系统形式，具有较高的性价比，主要应用于大功率风力发电机中。随着信息化、智能化技术的不断发展，双馈风力发电控制系统也逐渐采用新的控制技术，如恒速恒频控制技术和变速恒频控制技术等，在对发电机进行控制时，普遍采用无功优化控制、矢量控制、直接功率控制以及滑模控制四种方法。直驱式永磁风力发电控制系统在不断发展过程中逐渐应用于小功率风力发电机中，其简单、有效且成本投入较少，主要采用扰动观察控制、转矩反馈控制、最佳叶尖速比控制以及功率反馈控制四种方法。

二、设备原理

风力发电机组控制系统包括现场风力发电机组控制单元、高速环型冗余光纤以太网、远程上位机操作员站等部分。现场风力发电机组控制单元是每台风机控制的核心，实现机组的参数监视、自动发电控制和设备保护等功能。每台风力发电机组通过人机接口（HMI）实现就地操作、调试和维护机组。高速环型冗余光纤以太网是系统的数据高速公路，将机组的实时数据送至上位机界面。上位机操作员站是风电厂的运行监视核心，具备完善的机组状态监视、参数报警，实时和历史数据的记录、显示等功能，操作员在控制室内实现对风场所有机组的运行监视及操作。

三、设备特性

风力发电机组控制系统是每台风机的控制核心（包括塔座主控制器机柜、机舱控制站机柜、变桨距系统、变流器系统、现场触摸屏站、以太网交换机、现场总线通信网络、UPS电源、紧急停机后备系统等），分散布置在机组的塔筒和机舱内。由于风电机组现场运行环境恶劣，对控制系统的可靠性要求非常高，而风电控制系统是专门针对大型风电场的运行需求而设计，应具有极高的环境适应性和抗电磁干扰等能力。

四、先进技术

（一）微分几何控制技术

微分几何是数学中的重要内容，目前，这一内容在人们的日常生活当中也得到了广泛应用。从本质上来看，微分几何主要是研究线性之间的关系，而风力发电系统数据由很多的技术参数共同构成，从一定角度上来看，其实是具有一定的非线性关系，在具体运行过程中，经常会受到风速的影响。在对微分几何控制技术进行应用的过程中，首先就是解决非线性关系，之后对双馈发电机开展一系列操作，输入相关命令，再结合发电机的反应状况，为风力发电控制系统的高效率、稳定运行提供保障。与此同时，也能够实现对风能的有效捕捉，提高风力发电水平。现实情况下，如果风速大于额定值，那么一般可通过降低风力发电机转速的方式，对风力发电系统功率进行控制，确保其功率值在标准范围内。微分几何控制技术能够取代以往的系统技术，从而大幅度提高系统的工作效率。

与此同时，在应用微分几何控制技术的过程中，还能够将风力发电系统的非线性关系进行线性转化，从而为后续的一系列操作提供便利条件。根据微分几何原理，还能够对控制设备进行设计，且设备简单便捷，能够对非恒风发电机组进行有效控制。但要注意的问题是，控制技术设计难度较大，尤其是计算难度，正常情况下，它都是对函数进行反应，而且这种非线性函数通常很难看懂，这样也就限制了算法的广泛应用。随着现代科技的不断发展，CPU性能不断提高，从而也为微分几何控制技术在风力发电系统中的应用奠定了良好基础。

（二）智感应技术

从风力发电场的角度上来看，为有效运用智能化电子设备，使得运用效果获得提高，必须要实施建模，这主要针对的是智能电网设备。在管控智能电网方面，为了使实时和中管控更好实现，最主要的就是需要加大控制力度，有效地控制风电场设备，但是为了实现更好的效果，需要提前进行实时整合和分析工作，这项工作主要针对的是风电场设备的相关数据。通过应用智能感应器和无线感应器，能有效地获得支持智能风电场运行的相关数据，为后续的分析和使用打下坚实的基础。

（三）自适应技术

风力发电控制的过程中会产生各种数据，传统控制方式灵敏度较低，并且控制效率不够理想，在风力发电技术不断发展的情况下，传统控制方式不仅会影响控制系统的有效应用，还容易造成电力事故。自适应技术具有较高的灵敏度，在执行控制的过程中，假如被控制的风力发电设备出现变化，自适应技术能够自动捕捉，获取相关变化数据，并采取相应的控制措施。为了提升风力发电系统的控制有效性，在风力发电的过程中要不断优化和完善控制系统，但是控制系统自身具有一定的不足，控制能力有限，在这种情况下，应用自适应技术能够有效处理这些问题，弥补控制系统的不足，提升控制的灵敏度，结合系统的参数、运行规律调整控制程序，识别对象动态特点，结合识别结果做出决策，并且能结合外界环境的变化对控制系统进行自动化调整。

（四）智能风机技术

激光雷达能够以秒级精度提前获取风轮前方的风速，以实现风机前馈控制，从而提高发电量，降低载荷，降低度电成本。典型应用如 EFarm 雷达可精准地测量叶轮前方的来流风信息，实现精准对风，并使机组长时间处于风能最大位置，同时减少由于恶劣风况引起的机组故障和停机，以减少由此产生的发电量损失，整体提升发电量约 2% ~ 3%。EFarm 雷达控制技术利用特征风况识别算法，在 360° 风向扇区内，针对不同来流风特征，可智能动态调整机组运行状态，实现载荷、寿命和发电量的动态平衡，有效降低极端风况对机组的影响，提高机组适应范围，同时提高机组的安全性和稳定性，降低尾流影响。利用雷达传感能更加精确地探测前方机组的尾流信息，并结合先进的动态尾流控制算法，优化机组间尾流影响，降低由于尾流影响带来的发电量损失和机组疲劳载荷增加，提高机组安全性和稳定性。此外，通过在叶片上安装机器学习视觉摄像头，可实现对整个叶型的动态过程跟踪捕捉，借助后台数据运算能够还原整个风轮叶片动态的特征，从而能够深度优化叶片的空气动力特性。

五、评价方法

（1）控制系统供电安全检查。
（2）控制站安全控制策略试验。

（3）仪表安全控制措施检查。

（4）手动连锁试验。

（5）自动连锁试验。

（6）监测系统安全试验。

（7）调节系统安全试验。

（8）报警系统安全试验。

（9）系统冗余安全试验。

（10）系统送电安全检查。

（11）现场仪表安全检查。

（12）报表检查。

（13）安全链测试方法检查。

（14）通信配置检查等。

第六节　变压器及电气设备

一、电气一次设备

（一）变压器

1. 变压器的分类

变压器按用途可以分为电力变压器、试验变压器、仪用变压器、特殊用途变压器、配电变压器；按相数可以分为单相变压器、三相变压器；按绕组形式可以分为自耦变压器、双绕组变压器、三绕组变压器；按铁芯形式可以分为芯式变压器、壳式变压器；按冷却方式可以分为油浸式变压器、干式变压器。

2. 变压器的原理及功能

变压器的工作原理是电磁感应原理。变压器有初级线圈和次级线圈两组线圈，当初级线圈通上交流电时，变压器铁芯产生交变磁场，次级线圈就产生感应电动势。变压器两组线圈的匝数比等于电压比。

变压器的作用：

（1）保证用电安全和满足各种不同电器对电压的需求。

（2）利用变压器将高压降低。

（3）变换电流的作用。

（4）变换阻抗的作用。

3. 变压器的评价方法

（1）红外测温。

（2）油中溶解气体分析。

（3）绕组直流电阻。

（4）绕组连同套管的绝缘电阻。

（5）感应耐压及局部放电试验。

（6）铁芯和夹件绝缘电阻。

（7）绕组所有分接的电压比。

（8）绕组变形试验。

（9）绕组连同套管的电容量和介质损耗。

（二）断路器

1. 断路器的分类

（1）按灭弧介质分类。

1）油断路器，指触头在变压器油（断路器油）中开断，利用变压器油（断路器油）作为灭弧介质的断路器。

2）压缩空气断路器，以压缩空气作为火弧介质和绝缘介质的断路器，灭弧所用的空气压力一般在 $1013 \sim 4052$ kPa（$10 \sim 40$ atm）范围内。

3）SF_6 断路器，以 SF_6 气体作为灭弧介质，或兼作绝缘介质的断路器。

4）真空断路器，指触头在真空中开断，利用真空作为绝缘介质和灭弧介质的断路器。真空断路器需求的真空度在 10^{-4} Pa 以上。

（2）按装设地点的不同分类。

1）户外式，是指具有防风、雨、雪、污秽、凝露、冰及浓霜等性能，适于安装在露天使用的高压开关设备。

2）户内式，是指不具有防风、雨、雪、污秽、凝露、冰及浓霜等性能，适于安装在建筑物内使用的高压开关设备。

（3）按断路器的总体结构和其对地的绝缘方式不同分类。

1）绝缘子支持型（又称绝缘子支柱式、支柱式），这一类型断路器的结构特点是安置触头和灭弧室的容器（可以是金属筒也可以是绝缘筒）处于高电位，靠支持绝缘子对地绝缘，它可以用串联若干个开断元件和加高对地绝缘的方法组成更高电压等级的断路器。

2）接地金属箱型（又称落地罐式、罐式），其特点是触头和灭弧室装在接地金属箱中，导电回路由绝缘套管引入，对地绝缘由 SF_6 气体承担。

2. 断路器的原理及功能

互感器采集各相电流大小，与设定值比较，当电流异常时微处理器发出信号，使断路器脱扣器带动操动机构动作。

断路器的作用：

（1）控制作用，即根据运行需要，投入或切除部分电力设备或线路。

（2）保护作用，即在电力设备或线路发生故障时，通过继电保护及自动装置作用于断路器，将故障部分从电网中迅速切除，以保证电网非故障部分的正常运行。

3.断路器的评价方法

（1）红外测温。

（2）绝缘电阻。

（3）机械特性。

（4）交流耐压。

（5）回路电阻。

（6）分、合闸线圈电阻。

（三）隔离开关

1.隔离开关的分类

隔离开关按绝缘支柱的数目可分为单柱、双柱、三柱式和V型；按极数可分为单极、二极式；按阻隔开关的运行方向可分为水平旋转式、笔直旋转摇摆式、刺进式；按操动机构可分为手动式、电动式、气动式、液压式；按运用地点可分为户内式、户外式。

2.隔离开关的原理及功能

（1）隔离电源。在电气设备检修时，用隔离开关将需要检修的电气设备与带电的电网隔离，形成明显可见的断开点，以保证检修工作人员和设备的安全。

（2）倒闸操作。在双母线接线形式的电气主接线中，利用与母线相连接的隔离开关将电气设备或供电线路从一组母线切换到另一组母线上去。

3.隔离开关的评价方法

（1）红外测温。

（2）复合绝缘支持绝缘子及操作绝缘子的绝缘电阻。

（4）交流耐压试验。

（5）导电回路电阻。

（四）互感器

1.互感器的分类

互感器分为电压互感器和电流互感器两大类。电压互感器可在高压和超高压的电力系统中用于电压和功率的测量等。电流互感器可用在交换电流的测量、交换电度的测量和电力拖动线路中的保护。

电压互感器按用途可分为测量用电压互感器（在正常电压范围内，向测量、计量装置提供电网电压信息）和保护用电压互感器（在电网故障状态下，向继电保护等装置提供电网故障电压信息）；按绝缘介质可分为干式电压互感器（由普通绝缘材料浸渍绝缘漆作为绝缘）、浇注绝缘电压互感器（由环氧树脂或其他树脂混合材料浇注成型）、油浸式电压互感器（由绝缘纸和绝缘油作为绝缘，是我国最常见的结构型式）和气体绝缘电压互感器（由气体做主绝缘，多用在较高电压等级）；按电压变换原理可分为电磁式电压互感器（根据电磁感应原理变换电压，原理和基本结构与变压器相似）、电容式电压互感器（由电容分压器、补偿电抗器、中间变压器、阻尼器及载波装置防护间隙等组成，用在中性点接地系统里作电压测量、功率测量、继电防护及载波通信用）和光电式电压互感器（通过光电变换原理以实现电压变换）；按使用条件可分为户内型电压互感器（安装在室内配电装置中）和户外型其他电压互感器（安装在户外配电装置中）。电流互感器具体分类参考电压互感器。

2. 互感器的原理及功能

电压互感器工作原理包括电磁感应原理和电容分压原理两类。常用的电压互感器是利用电磁感应原理工作的，它的基本构造与普通变压器相同，主要由铁芯、一次绕组、二次绕组组成。电压互感器一次绕组匝数较多，二次绕组匝数较少，使用时一次绕组与被测量电路并联，二次绕组与测量仪表或继电器等电压线圈并联。由于测量仪表、继电器等电压线圈的阻抗很大，因此电压互感器在正常运行中相当于一个空载运行的降压变压器。电压互感器的一次电压基本上等于二次电动势值，且取决于恒定的一次电压值，因此电压互感器在准确度允许的负载范围内，能够精确地测量一次电压。

电流互感器是按电磁感应原理工作的，构造与普通变压器相似，主要由铁芯、一次绕组和二次绕组等几个主要部分组成。不同的是电流互感器的一次绕组匝数很少，使用时一次绕组串联在被测线路里，而二次绕组匝数较多，与测量仪表和继电器等电流线圈串联使用。运行中电流互感器线路的负载电流与二次负载无关（与普通变压器正好相反），二次绕组内的测量仪表和继电器的电流线圈阻抗都正常运行时，接近于短路状态。

互感器与电气仪表配合，对线路的电压、电流、电能进行测量；与继电保护及自动装置配合，对电力系统和设备进行过电压、过电流、过负荷和单相接地等保护；互感器能使测量仪表、继电保护装置和线路的高电压隔开，并且二次接地保障了工作人员与设备的安全；互感器将电压和电流变换成统一的标准值，以利于仪表和继电器的标准化；互感器可使二次回路不受一次系统的限制，从而使接线简单化；互感器可使二次设备用低电压、小电流连接控制，便于集中控制。

3. 互感器的评价方法

（1）红外测温。

（2）绝缘电阻测试。

（3）介质损耗因数及电容量。

（4）交流耐压试验。

（5）局部放电测量。

（6）校核励磁特性曲线。

（7）变比和极性检查。

（8）绕组直流电阻测试。

（五）避雷器

1. 避雷器的分类

避雷器主要有四种类型，即保护间隙型避雷器、管型避雷器、阀型避雷器和氧化锌避雷器。

保护间隙型和管型避雷器主要用于配电系统、线路和发电厂、变电所进线段的保护，限制入侵的大气过电压。阀型避雷器和氧化锌避雷器用于变电所、发电厂及变压器的保护，在220kV及以下系统中主要用于限制大气过电压，在超高压系统中还用来限制内过电压或做内过电压后备保护。阀型避雷器和氧化锌避雷器的保护性能对变电器或其他电气设备的绝缘水平的确定存在着直接影响。

2. 避雷器的原理及功能

避雷器是连接在导线和地面之间的一种防止物体被雷击的设备，一般都是与被保护设备并联。避雷器能够有效保护电力设备，当出现不正常电压时，避雷器能够产生相应的作用，对保护设备起到保护作用，但是被保护设备在正常工作电压下运行时，避雷器不会任何产生作用，对地面来说视为断路。当高电压意外出现，且危害到被保护设备绝缘时，避雷器会立刻工作，将高电压冲击电流导向大地，从而限制电压幅值，将电气设备进行绝缘。当高电压消失后，避雷器会恢复到原有工作状态，能够保证系统正常供电。每种避雷器各有各的优点和特点，需要针对不同的环境进行使用，才能起到有效、良好的绝缘效果。

管型避雷器是保护间隙型避雷器中的一种，大多数在供电线路上对避雷器进行保护。这种避雷器可以在供电线路中发挥很好的作用，在供电线路中有效保护各种设备。

阀型避雷器由火花间隙及阀片电阻组成，阀片电阻的制作材料是特种碳化硅，有很好的机械性能，同时利用碳化硅制作阀片电阻可以有效防止雷电和高电压，对设备进行保护。当有雷电高电压穿过时，火花间隙被击穿，阀片电阻的电阻值下降，将雷电流引入地下，这就有效地保护了电气设备，使设备免受高压雷电的伤害。一般情况下，火花间隙是不会被击穿的，因为阀片电阻的电阻值很大，阻止了正常交流电流通过。

氧化锌避雷器是一种性能良好、质量轻、耐污秽性能稳定的避雷器设备，不仅可作为雷电过电压保护，也可作为内部操作过电压保护。氧化锌避雷器性能稳定，可以有效防止雷电高电压或者对操作过电压进行保护，是一种具有良好绝缘效果的避雷器。

3. 避雷器的评价方法

（1）红外成像。

（2）绝缘电阻。

（3）运行电压下阻性电流测试。

（4）底座绝缘电阻。

（5）直流参考电压及0.75倍直流参考电压下的泄漏电流。

（6）测试避雷器放电计数器动作情况。

二、电气二次设备

（一）继电保护

1.继电保护的目的

电力系统由发电机、变压器、母线、输配电线路及用电设备组成。各电气元件及系统整体一般处于正常运行状态，但也可能出现故障或异常运行状态，如短路、断线、过负荷等状态。故障和异常运行情况若不及时处理或处理不当，就可能在电力系统中引起事故，造成人员伤亡和设备损坏，使用户停电、电能质量下降到不能允许的程度。为防止事故发生，电力系统继电保护就是装设在每一个电气设备上，用来反映设备发生的故障和异常运行情况，从而使保护装置动作或发出信号的一种有效的反事故的自动装置。

短路总是伴随着很大的短路电流，同时系统电压将大大降低。短路点的电弧及短路电流的热效应和机械效应会直接损坏电气设备，电压下降会破坏电能用户的正常工作，影响产品质量。短路更严重的后果是电压下降可能导致的电力系统与发电厂之间并列运行的稳定性遭受破坏，引起系统振荡，直接使整个系统瓦解。因此各种形式的短路是故障中最常见，且危害最大的。

异常运行状态是指系统的正常工作受到干扰，使运行参数偏离正常值。例如，长时间的过负荷会使电气元件的载流部分和绝缘材料的温度过高，从而加速设备的绝缘老化或损坏设备。

2.继电保护的任务

（1）继电保护的主要任务是自动地、有选择性地、快速地将故障元件从电力系统切除，使故障元件免于继续遭受损害。

（2）当被保护元件出现异常运行状态时，保护装置一般经一定延时后发出信号，根据人身和设备安全的要求，必要时跳闸。

为了保证电力系统安全可靠地不间断运行，除了继电保护装置外，还应该设置如自动重合闸、备用电源自动投入、自动切负荷、同步电动机的自动调节励磁及其他一些专门的安全自动装置。这些装置着重于事故后和系统不正常运行情况的紧急处理，以保证对重要负荷连续供电及恢复电力系统正常运行。

要指出的是，随着电力系统的扩大，对安全运行的要求不断提高，仅靠继电保护装置来保障安全用电是不够的，因此还应设置以各级计算机为中心，用分层控制方式实施安全监控系统，该系统能代替人工进行包括正常运行在内的各种运行状态实时控制，确保电力系统的安全运行。

3.继电保护的基本要求

（1）选择性。指保护装置动作时，有选择性地将故障元件从电力系统中切除，使停电范围尽量缩小，以保证系统中无故障部分仍能继续安全运行。

（2）速动性。在发生故障时，应力求保护装置能迅速切除故障。快速切除故障可以提高电力系统并列运行的稳定性、减少用户在电压降低的情况下工作的时间、减轻故障元件的损坏程度、防止大电流流过非故障设备引起损坏等。

（3）灵敏性。指对于其保护范围内发生故障或不正常的运行状态的反应能力，实质上是要求继电保护应能反映在保护范围内所发生的所有故障和不正常运行状态。

（4）可靠性。要求保护装置在应该动作时可靠动作，不应该动作时不应误动，即既不应该拒动也不应该误动。

4. 继电保护基本原理

继电保护的原理是以被保护线路或设备故障前后某些突变的物理量为信息量，当突变量达到一定值时，启动逻辑控制环节，发出相应的跳闸脉冲或信号。

（1）利用基本电气参数电力系统发生短路故障后，可利用电流、电压、线路测量阻抗等的变化，构成如下保护：过电流保护，反应于电流的增大而动作；低电压保护，反应于电压的降低而动作；距离保护（低阻抗保护），反应于故障点到保护安装处之间的距离（测量阻抗的减小）而动作。

（2）利用内部故障和外部故障时被保护元件两侧电流相位（或功率方向）的差异，分别构成各种差动原理的保护（内部故障时保护动作），如纵联差动保护、方向高频保护等。

（3）利用不对称故障时出现的负序、零序分量，电气元件在正常运行（或对称故障）时，负序分量和零序分量为零；在发生不对称短路故障时，一般负序分量和零序分量都较大。根据是否存在这些分量，可构成零序保护和负序保护，此种保护都具有良好的选择性和灵敏性。

（4）反应非电气量的保护。反应变压器、电抗器油箱内部故障时产生的气体而构成气体（瓦斯）保护；反应与发电机、变压器绕组的温度升高而构成过负荷保护等。

5. 继电保护装置的构成

继电保护装置的种类虽然很多，但是在一般情况下都是由三部分组成，即测量部分、逻辑部分和执行部分，如图 1-14 所示。

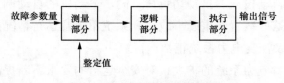

图 1-14 继电保护装置组成

（1）测量部分。测量被保护元件工作状态（正常运行、异常运行或故障状态）的一个或几个物理量，并与给定的整定值进行比较，从而判断保护是否应该启动。

（2）逻辑部分。根据测量部分各输出量的大小、性质、出现的顺序或它们的组合，使得保护装置按一定的逻辑程序工作，最后传递到执行部分。

（3）执行部分。根据逻辑部分传递的信号，最后完成保护装置所担负的任务，如告警、跳闸或不动作等。

（二）故障录波装置

1.故障录波的基本要求

（1）电压、电流回路零漂准确度。装置记录的电压零漂值不应超过 ±0.05V，电流零漂值不应超过 ±0.01I_N。

（2）装置应具有数据连续记录功能，并能根据内置判据在连续记录数据上标记出扰动特征，以便于事件（扰动）提醒和数据检索。

（3）装置内存容量应满足在规定的时间内连续发生规定次数的故障时能不中断地存入全部故障数据的要求。

（4）装置应具有向外部存储设备导出数据的功能；应具有通过数据网实现远方调取连续记录数据的功能，并可按时段和记录通道实现选择性调用。

（5）装置内部应具有独立时钟，在没有外部对时的情况下，误差每 24h 不超过 ±500ms。

2.故障录波的功能要求

（1）交流模拟通道传感器宜选用高精度隔离放大器或高精度小变换器；装置使用的 A/D 转换器分辨率不应小于 14 位。

（2）直流模拟采集回路宜采用隔离放大器，装置的直流量记录延时不应大于 1ms。

（3）数据采集单元的低通滤波器应满足 25 次及以下谐波记录的要求。

（4）触发记录的记录数据处理单元：采样率不小于 4000Hz，并应有足够的存储容量能满足多次记录的要求；存储介质宜为失电保持的静态存储器；各路采集量同时工作时，完整的数据记录的次数不小于 2500 次。

（5）连续记录的记录数据处理单元：自装置上电起，应能按照采样率不小于 1000Hz 不间断地记录相关电气量的数据；装置连续记录的容量应能满足不少于 7 天的数据记录要求。

（6）各数据处理单元的记录数据应独立，记录数据文件的输出格式应符合 GB/T 22386 的要求。

3.触发数据的记录要求

（1）数据记录方式。当电网或机组有大扰动时，装置自动启动，进入触发记录过程，并按以下要求记录：A 时段，大扰动开始前的状态数据，输出原始记录波形及有效值，记录时间可整定，其范围不小于 0.1s；B 时段，大扰动后的状态数据，输出原始记录波形及有效值，记录时间可整定，其范围不小于 3s；A、B 段数据记录采样频率不应小于 4000Hz。

（2）启动条件。第一次启动：符合内置判据任一条件自动启动，按 A—B 时段顺序执行。重复启动：在已启动记录的过程中，如又满足新的自动启动条件，则重新进入 B 时段重复执行。

（3）自动终止条件。当完成 B 时段的记录且无新的自动启动条件被满足时，经不小于 0.1s 的延时后，自动停止暂态数据的记录。

4. 触发记录的启动判据要求

（1）电压突变启动。电压的突变是否启动触发记录，可按通道设定。

（2）电压越限启动。电压越限启动定值应分高限和低限，可按通道设定。

（3）负序电压越限启动。负序电压越上限是否启动触发记录，可按通道设定。

（4）零序电压越限启动。零序电压越上限是否启动触发记录，可按通道设定。

（5）电流突变启动。电流突变是否启动记录，可按通道设定。

（6）电流越限启动。电流越上限是否启动记录，可按通道设定。

（7）负序电流越限启动。负序电流越上限是否启动记录，可按通道设定。

（8）零序电流越限启动。零序电流越上限是否启动记录，可按通道设定。

（9）频率越限启动。频率越限启动定值应分高限和低限，可设定。

（10）直流电压突变启动。电压的突变是否启动记录，可按通道设定。

（11）开关量变位启动。开关量是否启动记录，可按通道设定。

5. 记录数据安全性要求

操作装置上的任意开关、按键或装置提供的软件界面时，不应删除、修改已存储的记录数据，也不得造成已存储记录数据的破坏。

6. 分析软件基本要求

随装置提供的分析软件应采用图形化界面，能在各种常用的操作系统下运行，安装简单，安装完成后无需配置可直接使用数据分析功能。

（三）备用电源自动投入装置

1. 备用电源自动投入装置的概念

当工作电源因故障被断开以后，能自动而迅速地将备用电源投入工作，保证用户连续供电的装置即称为备用电源自动投入装置，简称备自投装置。备自投装置是保证电力系统连续可靠供电的重要设备之一。

2. 备用电源自动投入装置的基本要求

备自投装置动作应考虑动作后负荷情况是否满足稳定性要求，如负荷过大，影响系统稳定，应采取必要的措施。保护整定计算时，应考虑备自投装置投到故障设备上，应有保护能瞬时切除故障。对备自投装置的基本要求如下：

（1）应保证在工作电源和设备断开后，才投入备用电源或备用设备。其目的是防止将备用电源或备用设备投入到故障元件上，造成备自投失败，甚至扩大故障，加重损坏设备。

（2）不论工作母线和设备上的电压因何种原因消失时，备自投装置均应起动。

（3）备自投装置应保证只动作一次。

（4）若电力系统内部故障使工作电源和备用电源同时消失时，备自投装置不应动作，以免造成系统故障消失恢复供电时，所有工作母线段上的负荷全部由备用电源或备用设备供电，引起备用电源和备用设备过负荷，降低供电可靠性。

3. 备自投装置的特殊问题

（1）备自投装置的闭锁问题。常规备自投装置都有实现手动跳闸闭锁及保护闭锁功能，其中保护闭锁功能分别有母差动作闭锁、变压器后备保护动作闭锁母联（分段）自投。

（2）备自投时间整定问题。对于单独备自投装置时间发热整定要求：低电压元件动作后延时跳开工作电源，其动作时间宜大于本级线路电源侧后备保护动作时间与线路重合闸时间之和；备自投投入时间一般不带延时，如跳开工作电源时需联切部分负荷，投入时间可整定为 0.1 ～ 0.5s。

（3）后加速跳闸问题。当备自投动作于永久故障的设备上，应加速跳闸并只动作一次。应优先采用配置有后加速电流保护功能的备自投装置。

（四）安全稳定控制装置

1. 电力系统稳定控制的概念

电力系统的运行状态可以分为正常状态和异常状态两种。正常状态又可分为安全状态和警戒状态；异常状态又可分为紧急状态和恢复状态。电力系统的运行包括了所有这些状态及其相互间的转移，如图 1-15 所示。

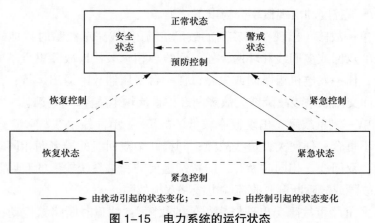

图 1-15　电力系统的运行状态

（1）安全状态，是指系统的频率、各节点的电压、各元件的负荷均处于规定的允许值范围内，并且一般的小扰动不致使运行状态脱离正常运行状态。正常安全状态实际上始终处于一个动态的平衡之中，必须进行正常的调整，包括频率和电压，即有功功率和无功功率的调整。

（2）警戒状态，是指系统整体仍处于安全的范围内，但个别元件或地区的运行参数已接近安全范围的边缘，扰动将使运行进入紧急状态。对处于警戒状态的电力系统应该采取预防控制，使之进入安全状态。

（3）紧急状态，是指正常运行状态的电力系统遭到扰动（包括负荷的变动和各种故障），电源和负荷之间的功率平衡遭到破坏而引起系统频率和节点电压超过了允许的偏移值，或元件的负担超过了安全运行的限制值，系统处于危机中。对处于紧急状态下的电力系统，应该采取各种校正控制和稳定控制措施，使系统尽可能恢复到正常状态。

（4）恢复状态，是指电力系统已被解列成若干个局部系统，其中有些系统已经不能保证正常地向用户供电，但其他部分可以维持正常状态；或者系统未被解列，但已不能满足向所有的用户正常供电，已有部分负荷被切除。当处于紧急状态下的电力系统不能通过校正和稳定控制恢复到正常状态时，应按对用户影响最小的原则采取紧急控制措施，使之进入恢复状态。然后根据情况采取恢复控制措施，使系统恢复到正常运行状态。

电力系统的预防控制、紧急控制和恢复控制总称为安全控制，是维持电力系统安全运行所不可缺少的部分。

2. 电力系统扰动情况分类

根据 DL/T 723—2000《电力系统安全稳定控制技术导则》，电力系统中的扰动可分为小扰动和大扰动两类：

（1）小扰动指由于负荷正常波动、功率及潮流控制、变压器分接头调整和联络线功率自然波动等引起的扰动。

（2）大扰动指系统经短路、切换操作和其他较大的功率或阻抗变化引起的扰动。大扰动可按扰动严重程度和出现概率分为以下三类。

第Ⅰ类，单一故障（出现概率较高的故障）：任何线路单相瞬时接地故障并重合成功；同级电压的双回或多回线和环网，任一回线单相永久接地故障重合不成功或三相短路故障不重合；任一发电机组跳闸或失磁；任一台变压器故障退出运行；任一大负荷突然变化；任一回交流联络线故障或无故障断开；直流输电线路单极接地。

第Ⅱ类，单一严重故障（出现概率较低的故障）：单回线永久故障重合不成功及无故障三相断开不重合；任何类型母线故障；同杆并架双回线的异名两相同时发生单相接地故障不重合，双回线三相同时断开；向特别重要的受端系统输电的双回及以上的任意两回线同时无故障或故障断开；直流输电线路双极故障。

第Ⅲ类，多重严重故障（出现概率很低的故障）：故障时断路器拒动；故障时继电保护及自动控制装置误动或拒动；多重故障；失去大电源；其他偶然因素。

3. 电力系统安全稳定的三级标准

GB 38755—2019《电力系统安全稳定导则》给出了电力系统承受大扰动能力的安全稳定标准，将电力系统承受大扰动能力的安全稳定标准分为三级。

（1）第一级安全稳定标准：正常运行方式下的电力系统受到单一故障扰动后，保护、开关及重合闸正确动作，不采取稳定控制措施，应能保持电力系统稳定运行和电网的正常供电，其他元件不超过规定的事故过负荷能力，不发生联锁跳闸：

1）任何线路单相瞬时接地故障重合成功；

2）同级电压的双回或多回线和环网，任一回线单相永久故障重合不成功及无故障三相断开不重合；

3）同级电压的双回或多回线和环网，任一回线三相故障断开；

4）任一发电机跳闸或失磁，任一新能源场站或储能电站脱网；

5）任一台变压器故障退出运行（辐射型结构的单台变压器除外）；

6）任一大负荷突然变化；

7）任一回交流系统间联络线故障或无故障断开不重合；

8）直流系统单极闭锁，或单换流器闭锁；

9）直流单极线路短路故障。

（2）第二级安全稳定标准：正常运行方式下的电力系统受到较严重的大扰动后，保护、开关及重合闸正确动作，应能保持稳定运行，必要时允许采取切机和切负荷等稳定控制措施：

1）单回线或单台变压器（辐射型结构）故障或无故障三相断开；

2）任一段母线故障；

3）同杆并架双回线的异名两相同时发生单相接地故障重合不成功，双回线三相同时跳开，或同杆并架双回线同时无故障断开；

4）直流系统双极闭锁，或两个及以上换流器闭锁（不含同一极的两个换流器）；

5）直流双极线路短路故障。

（3）第三级安全稳定标准：电力系统因下列情况导致稳定破坏时，必须采取失步/快速解列、低频/低压减载、高频切机等措施，避免造成长时间大面积停电和对重要用户（包括厂用电）的灾害性停电，使负荷损失尽可能减少到最小，电力系统应尽快恢复正常运行：

1）故障时开关拒动；

2）故障时继电保护、自动装置误动或拒动；

3）自动调节装置失灵；

4）多重故障；

5）失去大容量发电厂；

6）新能源大规模脱网；

7）其他偶然因素。

4.电力系统稳定控制的三道防线

根据 DL/T 723，为保证电力系统安全稳定运行，二次系统配备的完备防御系统应分为三道防线。

第一道防线：保证系统正常运行和承受第 I 类大扰动的安全要求。措施包括一次系统设施、继电保护、安全稳定预防性控制等。

第二道防线：保证系统承受第 II 类大扰动的安全要求，采取防止稳定破坏和参数严重越限的紧急控制。常用的紧急控制措施有切除发电机（简称切机）、集中切负荷、互联系统解列、HVDC 功率紧急调制、串联补偿等。

第三道防线：保证系统承受第Ⅲ类大扰动的安全要求，采取防止事故扩大、系统崩溃的紧急控制。措施包括系统解列、再同步、频率和电压紧急控制等。

5. 紧急控制的动作评价

紧急控制装置应与继电保护类似，并考虑紧急控制的特点，对其动作情况给予评价。根据紧急控制装置的特点，对其动作情况分为以下四类：

（1）成功动作，指装置动作达到电力系统的性能目标或更好些。

（2）不成功动作，指在偶发事件严重性大于装置设计的规定值时，装置动作未能防止或最大限度减少系统扰动后果。

（3）失效，指在偶发事件严重性等于或小于规定时，装置未能防止或最大限度减小系统扰动后果；在不应该动作时装置动作并导致或加重系统的扰动。

（4）不必要动作，指在不需要动作时装置动作（如由于装置设计的分辨率不够、设备误动、人为错误等）但未导致或加重系统扰动。

（五）电能质量监测设备

电能质量监测设备是指通过对引入的电压、电流信号的分析处理，实现对电能质量指标进行监测的专用装置。

1. 设备分类

（1）便携式，即便于携带，接线、拆线方便，由使用者现场操作完成相关电能质量指标测试全部功能过程的测量设备。

（2）固定式，即固定安装的、适用于对电能质量相关指标进行长期在线监测的设备。

2. 基本功能要求

（1）监测要求。监测设备可监测的主要电能质量参数见表1-3，各项指标的测量方法应满足 GB/T 17626.30—2012《电磁兼容　试验和测量技术　电能质量测量方法》相应要求。

表 1-3　　　　　　　　　　　　　　　　电能质量参数

序 号	项 目
1	电压偏差
2	频率偏差
3	三相电压不平衡度
4	谐波
5	间谐波
6	闪变
7	电压暂降、暂升、短时中断

（2）显示功能。监测设备可配置显示屏，就地显示被监测相关电能质量参数以及设置参数。

（3）通信。监测设备应具备必要的通信接口，以实现监测设备的远程和就地管理、参数的设置、数据的实时传输或定时提取存储记录；固定式监测设备的数据建模和通信规约宜采用 DL/T 860 系列标准；通过电子式互感器进行电能质量监测的监测设备，其信号输入接口应与 GB/T 20840.7—2007《互感器　第 7 部分：电子式电压互感器》、20840.8—2007《互感器　第 8 部分：电子式电流互感器》规定的电子式互感器输出接口相适应。

（4）权限管理。监测设备宜具有权限管理功能。

（5）设置。监测设备应有就地或远方实现相关基本数据的设置、更改、删除功能，远程升级功能。所设置的基本参数包括（但不限于）：通信参数，内部时钟，监测点信息（包括监测点名称，电压互感器、电流互感器变比，通道接线方式等），稳态电能质量监测数据时间累积周期，触发方式、阈值、波形记录要求，手动录波（包括录波时间长度、每周波采样点数、采样频率等）。

（6）对时功能。监测设备应具有网络对时及卫星对时功能。

3. 监测数据统计分析

每月应对各监测点谐波、长时间闪变、三相电压不平衡的等稳态指标，以及对电压暂降、短时中断等暂态事件进行统计和分析。

4. 周期检定

应按照 DL/T 1228—2013《电能质量监测装置运行规程》、DL/T 1028—2006《电能质量测试分析仪检定规程》的要求，对监测装置进行检定。监测装置的检定周期为三年。检定项目见表 1–4。

表 1–4　　　　　　　　　　　　　　　　检定项目

检定项目	首次检定	周期检定
谐波电压	检	检
谐波电流	检	检
谐波功率	选检	选检
基波频率偏移对谐波电压、谐波电流的影响	检	不检
短时间闪变值	检	检
长时间闪变值	检	选检
三相不平衡度	检	检
测量结果的重复性	检	不检

（六）电能计量装置

1. 相关概念

电能计量装置：由各种类型的电能表或与计量用电压、电流互感器（或专用二次绕组）及其二次回路相连接组成的用于计量电能的装置，包括电能计量柜（箱、屏）。

关口电能计量点：电网企业之间、电网企业与发电或供电企业之间进行电能量结算、考核的计量点，简称关口计量点。

2. 电能计量装置分类

根据 DL/T 448—2016《电能计量装置技术管理规程》规定，运行中的电能计量装置按计量对象重要程度和管理需要分为五类（Ⅰ、Ⅱ、Ⅲ、Ⅳ、Ⅴ），分类细则及要求如下：

Ⅰ类电能计量装置。220kV 及以上贸易结算用电能计量装置，500kV 及以上考核用电能计量装置，计量单机容量 300MW 及以上发电机发电量的电能计量装置。

Ⅱ电能计量装置。110（66）～220kV 贸易结算用电能计量装置，220～500kV 考核用电能计量装置，计量单机容量 100～300MW 发电机发电量的电能计量装置。

Ⅲ类电能计量装置。10～110（66）kV 贸易结算用电能计量装置，10～220kV 考核用电能计量装置，计量 100MW 以下发电机发电量、发电企业厂（站）用电量的电能计量装置。

Ⅳ类电能计量装置。380V～10kV 电能计量装置。

Ⅴ类电能计量装置。220V 单相电能计量装置。

3. 电能计量装置配置原则

经互感器接入的贸易结算用电能计量装置应按计量点配置电能计量专用电压、电流互感器或专用二次绕组，并不得接入与电能计量无关的设备。电能计量专用电压、电流互感器或专用二次绕组及其二次回路应有计量专用二次接线盒及试验接线盒。电能表与试验接线盒应按一对一原则配置。贸易结算用高压电能计量装置应具有符合 DL/T 566—1995《电压失压计时器技术条件》要求的电压失压计时功能。互感器二次回路的连接导线应采用铜质单芯绝缘线，对电流二次回路，连接导线截面积应按电流互感器的额定二次负荷计算确定，至少应不小于 4mm²；对电压二次回路，连接导线截面积应按允许的电压降计算确定，至少应不小于 2.5mm²。互感器额定二次负荷的选择应保证接入其二次回路的实际负荷在 25%～100% 额定二次负荷范围内。电流互感器额定一次电流的确定，应保证其在正常运行中的实际负荷电流达到额定值的 60% 左右，至少应不小于 30%，否则，应选用高动热稳定电流互感器，以减小变比。为提高低负荷计量的准确性，应选用过载 4 倍及以上的电能表。电能计量装置应能接入电能信息采集与管理系统。

4. 现场检验

（1）新投运或改造后的 Ⅰ、Ⅱ、Ⅲ类电能计量装置应在带负荷运行一个月内进行首次电能表现场检验。

（2）运行中的电能计量装置应定期进行电能表现场检验，具体要求如下：Ⅰ类电能计量装置宜每 6 个月现场检验一次；Ⅱ类电能计量装置宜每 12 个月现场检验一次；Ⅲ类电能计量装置宜每 24 个月现场检验一次。

（3）对发供电企业内部用于电量考核、电量平衡、经济技术指标分析的电能计量装置，宜应用运行监测技术开展运行状态检测。当发生远程监测报警、电量平衡波动等异常时，应在两个工作日内安排现场检验。

（4）运行中的电压互感器，其二次回路电压降引起的误差应定期检测。35kV 及以上电压互感器二次回路电压降引起的误差，宜每两年检测一次。

（七）直流系统

直流系统主要由直流电源、直流母线及直流馈线等组成。直流电源包括蓄电池及其充电设备；直流馈线由主干线及支馈线构成。

1. 蓄电池

发电厂及变电站常用的蓄电池，主要有酸性的和碱性的两大类。常用的酸性蓄电池是铅蓄电池，而常用的碱性蓄电池是镉 – 镍蓄电池。

（1）蓄电池的充电。蓄电池充电通常采用恒流充电方法。充电的种类有初充电、正常充电和均衡充电三种。为提高蓄电池的放电性能，新的蓄电池在使用前，为完全达到荷电状态所进行的第一次充电称为初充电。对已经放过电的蓄电池充电称为正常充电。为补偿蓄电池在使用过程中产生的电压不均匀现象，使其恢复到规定的范围内而进行的充电称为均衡充电。

（2）蓄电池组的浮充。在充电装置的直流输出端始终并接着蓄电池和负载，以恒压充电方式工作。正常运行时充电装置在承担经常性负荷的同时向蓄电池补充充电，以补偿蓄电池的自放电，使蓄电池组以满容量的状态处于备用，该充电方式称为浮充。

2. 充电设备

为补偿蓄电池运行中的功率损耗，维持电源电压及增大短路容量，需对蓄电池经常进行充电。充电设备通常采用三相交流进行整流、滤波及稳压的交流 – 直流变换装置。它应满足以下要求：

（1）充电设备输出电压及输出电流的调节范围，应满足蓄电池组各种充电方式的需要。对于直流电压为 110V 的直流系统，充电设备输出电压的调节范围应为 90 ~ 160V；对于额定电压为 220V 的直流系统，充电设备输出电压的调节范围应为 180 ~ 310V。

（2）具有维持恒定输出电压及恒定输出电流的调节功能。

（3）输出电压的纹波系数应满足 DL/T 724—2021《电力系统用蓄电池直流电源装置运行及维护技术规程》的要求，直流母线纹波系数范围应不大于 2%。

（4）充电时应维持直流母线电压的变化小于 5%。

（5）充电设备的额定电流应按式（1–1）进行选择：

$$I_N = (0.1 \sim 0.125) Q_{S10} / 10 \qquad (1–1)$$

式中：I_N 为额定电流；Q_{S10} 为蓄电池 10h 放电容量。

3. 直流母线及输出馈线

蓄电池组的输出与充电设备的输出并接在直流母线上。直流母线汇集直流电源输出的电能，并通过各直流馈线输送到各直流回路及其他直流负载（如事故照明、直流电动机等）。

直流母线的接线方式取决于蓄电池组的数量、对直流负荷的供电方式及充电设备的配置方式。直流母线的接线方式多为单母线分段或双母线。根据需要，从每段或每条直流母线上引出多路直流馈线，将直流电源引至全厂或全站的配电室及控制室的直流小母线上，或引至直流动力设备的输入母线上。

从各直流小母线上又分别引出多路出线，分别接至保护屏、控制屏、事故照明屏或其他直流负荷屏等。

4. 直流监控装置

为测量、监视及调整直流系统运行状况及发出异常报警信号，对直流系统应设置监控装置。直流监控装置应包括测量表计、参数越限和回路异常报警系统等。

（1）直流绝缘检测装置的构成原理。直流绝缘检测装置是根据电桥平衡原理构成的。其检测原理的示意图如图1-16所示。正常工况下，直流系统正、负两极对地的绝缘电阻 $R_3 = R_4$，由于装置内电阻 $R_1 = R_2$，因此，在由 R_1、R_2、R_3、R_4 构成的双臂电桥中 $R_1 \cdot R_4 = R_2 \cdot R_3$，满足电桥平衡条件。$A$ 点的电位与地电位相等，直流电压表指示为零，信号继电器 KS 两端无电压。

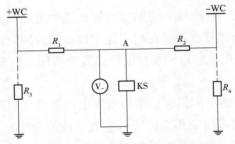

图1-16 直流绝缘检测原理示意图

当某一极对地的绝缘电阻下降或直接接地时，$R_3 \neq R_4$，故 $R_1 \cdot R_4 \neq R_2 \cdot R_3$ 电桥平衡被破坏，A 点对地产生电压，信号继电器 KS 动作，发出告警信号。

（2）直流系统绝缘监测装置用直流表计内阻要求。用于测量220V回路的电压表，其内阻不得低于 $20k\Omega$；用于测量110V回路的电压表，其内阻不得低于 $10k\Omega$。

5. 直流开关、熔断器及快速开关的选择

当直流系统发生短路故障时，为能迅速切除故障，需在各直流馈线及各分支直流馈线的始端设置能自动脱扣的空气断路器或熔断器或快速跳闸的小开关。

（1）选择原则。为确保直流系统的安全运行，对空气断路器、熔断器及快速小开关的选择应遵照以下原则：正常或最大负荷工况下，不会误脱扣或误熔断、误跳闸；在各直流馈线及各分支直流馈线上均应设置熔断器或快速开关；对大型直流动力设备供电的直流馈线宜设置空气断路器；保护装置及控制回路的分支直流馈线宜采用快速开关，其上一级馈线宜采用熔断器；各级空气断路器、熔断器或快速开关的脱扣、熔断或跳闸电流应满足上、下级配合及动作选择性要求，即只断开有短路故障的分支直流馈线，不得越级跳闸或熔断。

（2）技术参数的确定。

1）额定电压。空气断路器、熔断器及快速开关的额定电压应大于或等于直流系统的额定电压。

2）额定电流。对于直流电动机回路，应考虑电动机的启动电流；对于控制、保护及信号回路，应按回路最大负荷电流选择。

3）各级熔断器熔断特性的配合。在直流系统中，各级熔断器宜采用同型号的、各级熔断器熔件的额定电流应相互配合，使其具有熔断的选择性。上、下级熔断器熔件额定电流之比应为 1.6：1。

4）自动空气开关与熔断器特性的配合。当直流馈线用空气断路器，而下级分支直流馈线用熔断器时，自动空气断路器与熔断器的配合关系如下：对于断路器合闸回路的熔断器，其熔件的额定电流应比自动空气断路器脱扣器的额定电流小 1～2 级。例如，对熔件额定电流分别为 60A 和 30A 的熔断器，其上级自动空气断路器脱扣器的额定电流应分别为 100A 和 50～60A。对于控制、信号及保护回路的熔断器，其熔件的额定电流一般选择 5A 或 10A，其上级自动空气断路器脱扣器的额定电流应比熔断器熔件额定电流大 1～2 级，通常选择 20～30A。

5）自动空气断路器的配合保护装置。直流空气断路器、交流空气断路器应与上一级开关及总路空气断路器保持级差配合，防止由于下一级电源故障时，扩大失电元件范围。

第二章
风力发电场技术监督概述

一、技术监督工作内容简介

技术监督是通过建立高效、通畅、快速反应的管理体系，确保国家及行业有关技术法规的贯彻实施和相关管理指令畅通，通过采用有效的测试和管理手段，对发电设备的健康水平及与安全、质量、经济、环保运行有关的重要参数、性能、指标进行监测与控制，及时发现问题，采取相应措施尽快解决问题，提高发电设备的安全可靠性，最终保证发电设备及相关电网安全、可靠、经济、环保运行的重要工作。

技术监督坚持"安全第一、预防为主"的方针，按照"超前预控、闭环管理"的原则，建立以质量为中心，以相关的法律法规、标准、规程为依据，以计量、检验、试验、监测为手段的技术监督管理体系，对发电布局规划、建设和生产实施全过程技术监督管理。

NB/T 10110—2018《风力发电场技术监督导则》中将风电技术监督设置为风力发电机组、风轮系统、金属、绝缘、化学、设备润滑、继电保护、监控和自动化、测量、电能质量、节能、环保十二项监督，包含了专业和设备的监督内容。在执行过程中，根据各发电企业的具体情况，专业设置又略有不同，本书以目前广泛使用的绝缘、继电保护及安全自动装置、电测、电能质量、风力机、监控自动化、化学和金属八项专业监督为例，对风电技术监督进行全面介绍。

技术监督工作实行全过程、闭环的监督管理方式，要依据相关技术标准、规程、规定和反措开展发电设备的技术监督工作；组织技术监督人员参与企业新、扩建工程的设计审查、设备选型、主要设备的监造验收以及安装、调试阶段的技术监督和质量验收工作；掌握企业设备的运行情况、事故和缺陷情况，认真执行反事故措施，及时消除设备隐患和缺陷；达不到监督指标的，要提出具体改进措施。全过程监督包含了以下阶段：

（1）设计审查。

（2）设备选型与监造。

（3）安装、调试、工程监理。

（4）运行。

（5）检修及停备用。

（6）技术改造。

（7）设备退役鉴定。

（8）仓库管理。

二、风力发电场技术监督管理要求

1. 技术监督网络

各公司技术监督网络一般为三级网络，一级网络为以主管生产（基建）的领导或总工程师为组长的技术监督领导小组，负责技术监督网络正常运作；二级网络设置在生产管理部门，归口技术监督日常管理工作；三级网络设置各专业技术监督专责人，负责日常技术监督工作的开展，包括本企业技术监督工作计划、报表、总结等的收集上报、信息的传递、协调各方关系等。新能源场站为实施班组，负责场级管理范围的生产运维过程技术监督工作实施。

2. 技术监督管理模式

技术监督工作实行三级管理，第一级为集团公司，第二级为产业公司、区域公司，第三级为发电企业。集团公司负责已投产发电企业运行、检修、技术改造等方面的技术监督管理工作，以及新、扩建发电企业的设计审查、设备监造、安装调试、试运行阶段的技术监督管理工作。各产业公司、区域公司生产管理部门归口管理技术监督工作。生产管理部门负责已投产发电企业的技术监督管理工作。基建管理部门负责新、扩建发电企业技术监督管理工作。各发电企业是设备的直接管理者，也是实施技术监督的执行者，对技术监督工作负直接责任。已投产发电企业技术监督工作由生产管理部门归口管理，新建项目的技术监督工作由工程管理部门归口管理。

3. 技术监督管理要点

技术监督的管理包括报表管理、培训管理、会议管理、预警管理、评价管理等内容，涵盖了技术监督的主要管理要点。

通过建立一个具有明确职责的健全的监督网络，明确各专业技术监督岗位资质、分工和职责，责任到人，每年年初根据人员变动情况及时对网络成员进行调整。各技术监督专责人根据新颁布的国家、行业标准、规程及上级主管单位的有关规定和受监设备的异动情况，对受监设备的运行规程、检修维护规程、作业指导书等技术文件中监督标准的有效性、准确性进行评估，对不符合项进行修订，履行审批流程后发布实施。发电企业应配备必需的技术监督、检验和计量设备、仪表，建立相应的试验室和计量标准室，制订仪器仪表年度检验计划，按规定进行检验、送检和量值传递。按照各专业技术监督标准规定的技术监督资料目录和格式要求，建立健全技术监督各项台账、档案、规程、制度和技术资料，确保技术监督原始档案和技术资料的完整性和连续性。企业每年制订年度技术监督工作计划，对计划实施过程进行监督，并按要求及时报送监督速报、监督季报、监督总结等技术监督工作报告。技术监督工作实行问题整改跟踪管理方式，技术监督问题整改计划应列入或补充列入年度监督工作计划，发电企业按照整改计划落实整改工作，并将整改实施情况及时在技术监督季报中总结上报。发电企业定期召开技术监督工作会议，会议由发电企业技术监督领导小组组长主持，检查评估、总结、布置技术监督工作，对技术监督中出现的问题提出处理意见和防范措施，形成会议纪要，按管理流程批准后发布实施。

4. 技术监督报表管理

技术监督工作实行工作报告管理方式。发电企业按要求及时报送监督速报、监督季报、监督总结等技术监督工作报告。企业发生重大监督指标异常，受监设备重大缺陷、故障和损坏事件，火灾事故等重大事件后 24h 内，技术监督专责人应将事件概况、原因分析、采取措施按照规定格式填写速报并报送。每季度企业技术监督专责人还应按照各专业监督标准规定的季报格式和要求，组织编写上季度技术监督季报并报送。

5. 技术监督培训管理

公司应定期组织发电企业技术监督和专业技术人员培训工作，重点学习宣贯新制度、标准和规范、新技术、先进经验和反措要求，不断提高技术监督人员水平。从事电测、化学水分析、化学仪表检验校准和运行维护、金属无损检测等的人员，应通过国家或行业资格考试并获得上岗资格证书。

6. 技术监督会议管理

企业应定期组织召开技术监督工作会议，总结技术监督工作开展情况，分析存在的问题，宣传和推广新技术、新方法、新标准和监督经验，讨论和部署下年度工作任务和要求。

7. 技术监督预警管理

技术监督标准应明确各专业三级预警项目，各发电企业应将三级预警识别纳入日常监督管理和考核工作中。在监督工作开展过程中，达到预警条件的事件应及时发出预警通知单。发电企业接到预警通知单后，按要求编制报送整改计划，安排问题整改。预警问题整改完成后，发电企业按照验收程序要求，提出验收申请。经预警提出单位验收合格后，填写预警验收单，并抄送相关部门。

8. 技术监督评价管理

技术监督工作实行动态检查评价制度。技术监督现场评价按照公司年度技术监督工作计划中所列名单和时间安排进行。发电企业在现场评价实施前应按各专业技术监督工作评价表内容进行自查，编写自查报告。技术监督定期评价按照发电企业生产技术管理情况、机组障碍及非计划停运情况、监督工作报告内容符合性、准确性、及时性等进行评价，通过年度技术监督报告发布评价结果。发电企业收到评价报告后两周内，组织有关人员会同技术监督服务单位，完成整改计划的制订，经公司生产部门审核批准后落实整改工作，并将整改实施情况及时在技术监督季报中总结上报。发电企业应将技术监督工作纳入企业绩效考核体系。

9.技术监督信息系统

伴随着新能源生产管理信息化进程的推进，每年会产生出大量的生产数据、经营数据、技术数据、缺陷数据、维护数据、方法信息等，数据、信息众多但单一数据、单一信息不具应用价值，只有进行各种维度的对标、分析、发展差异及验证，结合维护情况才能找到造成缺陷的可能原因。技术监督信息系统就是构建基于海量数据的信息化技术监督体系，实现两个功能：①数据驱动的技术监督，提升技术监督工作的针对性和发现问题的深度、广度；②监督管理流程可视化，在此功能背景下，发电企业和技术监督服务单位参与整个监督管理流程，按照不同职责，实现管理指令、资料、问题、闭环、培训、上岗考试等的下达和上传，提升技术监督信息的传递效率，提高技术监督数据的综合应用和分析能力。

第三章
风力发电场专业技术监督

第一节　风力发电场绝缘监督

一、监督目的、范围、指标要求等

1. 监督目的

绝缘监督的目的是对风电场高、低压电气设备绝缘状况和影响绝缘性能的污秽状况、接地装置状况、过电压保护等进行全过程监督，以确保高、低压电气设备在良好绝缘状态下运行，防止绝缘事故的发生。

2. 监督范围

（1）机舱电气设备：风力发电机、并网开关、接地装置、汇流电缆。

（2）箱式变电站：变压器、高压开关设备、避雷器、过电压保护器、互感器等。

（3）集电线路设备：电缆线路、场内架空线路、母线。

（4）送出线路：架空线路、电缆线路。

（5）场内升压站：升压变压器、高压开关设备、GIS组合电器、互感器、消弧线圈、穿墙套管、无功补偿装置、避雷器、母线。

（6）接地装置。

3. 指标要求

（1）主设备预试完成率为100%。

（2）危机缺陷处理率为100%，一般缺陷处理率为80%。

（3）主设备完好率为100%。

（4）试验仪器校验率为100%。

二、全过程监督的要点

（一）风力发电机的技术监督

1. 设计选型审查

发电机的设计应符合 GB/T 755—2019《旋转电机　定额和性能》、GB/T 23479.1—2009《风力发电机组　双馈异步发电机　第 1 部分：技术条件》、GB/T 25389.1—2008《风力发电机组　永磁同步发电机　第 1 部分：技术条件》、GB/T 19071.1—2018《风力发电机组　异步发电机　第 1 部分：技术条件》、NB/T 31049—2021《风力发电机绝缘规范》等相关标准的要求。应注意考虑不同发电机型的使用条件、环境因素的影响及低电压穿越能力。外壳及接线盒防护等级应符合 GB/T 4942—2021《旋转电机整体结构的防护等级（IP 代码）分级》中的规定，且不应低于 IP54。绝缘系统应采用耐热等级为 F级、H 级的绝缘材料。F 级的绝缘材料温升宜按 B 级考核，H 级的绝缘材料温升宜按 F级考核。

制造发电机的材料应适合预期的环境，应对供货材质和技术性能提出要求。电机外部金属零部件表面应防锈；非金属零部件应耐老化，在规定的工作时间内应不发生开裂、变脆和剥落。发电机应通过型式试验。定子绕组、轴承及碳刷等部位应装设用于监测发电机工作状态的传感器。

2. 监造和出厂验收

（1）监造要求。根据 DL/T 1054—2021《高压电气设备绝缘技术监督规程》，风力发电机宜进行监造和出厂验收。主要监造内容为型式试验和出厂试验。型式试验应至少进行文件见证。出厂试验项目及结果应符合 NB/T 31012—2019《永磁风力发电机技术规范》、NB/T 31013—2019《双馈风力发电机技术规范》的规定，并全面落实订货技术要求和联络设计文件要求。

（2）安装和投产验收。发电机的安装和运输应符合 GB/T 19071.1—2018《风力发电机异步发电机　第 1 部分：技术条件》、GB/T 19568—2017《风力发电机组　装配和安装规范》的要求。安装环节重点监督内容包括：发电机轴与齿轮箱输出轴的同心度应符合安装规范的规定；发电机引出线相序应正确，固定牢固，连接紧密，符合设计要求；电气接线和电气连接应可靠，所需要的连接件应能承受所规定的电、热、机械和振动的影响。

安装调试完成后，应按照 GB/T 20319—2017《风力发电机组　验收规范》进行工程交接验收，主要要求是：安全无故障连续试运行不应小于 250h；发电机定子绕组、转子绕组的绝缘电阻符合产品技术文件的规定；发电机定子、转子绕组直流电阻符合产品技术文件的规定；发电机各部位运行温度符合 GB 755—2019《旋转电机　定额和性能》和产品技术文件规定，并有适当裕度。

（3）风力发电机的运行监督。应开展发电机的定期巡视检查。应定期开展发电机的不停电检查和停电检查，检查项目依据 DL/T 797—2012《风力发电场检修规程》及厂家检修维护检查手册进行制定。发电机各部温度应符合 GB 755—2019 规定的要求；当并网三相电压平衡时，发电机空载三相电流中任何一相与三相平均值的偏差应不大于三相平均值的 10%；发电机不允许在运行中反接电源制动或逆转。出线标志的字母顺序应与三相电压相序方向相同。发电机运行中的振动值应符合设计要求。

（4）维护检修监督。发电机维护检修应按 DL/T 797—2012《风力发电场检修规程》及制造厂的要求执行。参照 DL/T 797—2012 附录 A 规定及厂家规定的年度检修项目，编制年度维护检修计划。发电机下架维修或更换定、转子后，应按照 NB/T 31012—2019《永磁发电机技术规范》、NB/T 31013—2019《双馈风力发电机技术规范》规定的出厂试验项目进行试验。

（二）变压器技术监督

1. 设计选型审查

电力变压器的设计、选型应符合 GB/T 17468—2019《电力变压器选用导则》、GB/T 13499—2002《电力变压器应用导则》和 GB/T 1094.1—2013《电力变压器 第 1 部分：总则》、GB/T 1094.2—2013《电力变压器 第 2 部分：液浸式变压器的温升》等电力变压器标准和相关反事故措施的要求。技术参数和要求应满足 GB/T 6451—2015《油浸式电力变压器技术参数和要求》的规定；电抗器的性能应满足 GB/T 1094.6—2011《电力变压器 第 6 部分：电抗器》的相关规定。宜用油浸式、低损耗、两绕组自然油循环风冷、自冷式有载调压升压变压器。原则上要求户外布置，对于环境污秽条件受限区域可采用户内布置。额定电压和容量配置推荐见表 3-1。

表 3-1　　　　　　　　　　　风电场容量及送出电压等级与主变压器配置

风电场容量（MW）	送出电压等级及回路数	主变压器配置（台数、容量）
50	1×110（66）kV	1×50MVA
100	1×110（66）kV	2×50MVA
150	2×110kV	2×75MVA
	1×220（330）kV	2×75MVA 或 1×90MVA + 1×63MVA 或 1×150MVA
200	1×220（330）kV	2×100MVA
250	1×220（330）kV	2×125MVA 或 1×150MVA + 1×100MVA
300	1×220（330）kV	3×100MVA 或 2×150MVA

用户应对变压器用硅钢片、电磁线、绝缘纸板、绝缘油及钢板等原材料；套管、分接开关、套管式电流互感器、散热器及压力释放器等重要组件的供货商、供货材质和技术性能提出要求。

变压器订购前，制造厂应提供变压器绕组承受突发短路冲击能力的型式试验或计算报告，并提供内线圈失稳的安全系数。设计联络会前，应取得所订购变压器的抗短路能力动态计算报告，并进行核算。

变压器套管的过负荷能力应与变压器允许过负荷能力相匹配。外绝缘不仅要提出与所在地区污秽等级相适应的爬电比距要求，也应对伞裙形状提出要求。重污秽区可选用大小伞结构瓷套。应要求制造厂提供淋雨条件下套管人工污秽试验的型式试验报告。不得订购有机黏结接缝过多的瓷套管和密集形伞裙的瓷套管，防止瓷套出现裂纹断裂和外绝缘污闪、雨闪故障。

变压器的设计联络会除讨论变压器外部接口、内部结构配置、试验、运输等问题外，还应着重讨论设计中的温升和负荷能力等计算分析报告，保证设备有足够的绝缘裕度和带负荷能力。

2. 监造和出厂验收

应对 220kV 及以上电压等级的变压器、电抗器进行监造和出厂验收。110kV 电压等级的变压器、电抗器宜进行监造和出厂验收。

（1）主要监造内容。核对硅钢片、电磁线、绝缘纸板、钢板、绝缘油等原材料的供货商、供货材质是否符合订货技术条件的要求。核对套管、分接开关、散热器等配套组件的供货商、技术性能是否符合订货技术条件的要求。对关键的工艺程序，包括器身绝缘装配、引线及分接开关装配、器身干燥的真空度及温度和时间记录、总装配时清洁度检查。对带电部分进行油箱绝缘距离检查，对注油的真空度、油温、时间及静放时间记录等进行过程跟踪，考察生产环境、工艺参数控制、过程检验是否符合工艺规程的要求。见证出厂试验，对关键的出厂试验，如长时感应耐压及局部放电（ACLD）试验，应严格在规定的试验电压和程序条件下进行。220kV 及以上变压器，测量电压为 $1.5U_m/\sqrt{3}$ 时的局部放电量，其放电量应不大于 100pC。供货的套管应安装在变压器上进行工厂试验。所有附件在出厂时均应按实际使用方式经过整体预装。

（2）出厂验收。查验电磁线、硅钢片、绝缘纸板、钢板和变压器油等原材料的出厂检验报告及合格证，符合技术要求的予以签字确认。查验套管、分接开关、压力释放器、气体继电器、套管电流互感器等配套件出厂试验报告及合格证。压力释放器、气体继电器、套管电流互感器等应有工厂校验报告，符合技术要求的予以签字确认。油箱、铁芯、绕组等部件制造及器身装配、总装配，符合制造厂工艺规程要求的予以确认。对按监造合同规定的整机试验项目进行验收。确认试验项目齐全，试验方法正确，试验设备仪器、仪表满足试验要求，试验结果符合相关标准要求，并在质量见证单上签字确认。

3. 安装和投产验收

变压器运输应有可靠的防止设备运输撞击的措施，应安装具有时标且有合适量程的三维冲击记录仪。充气运输变压器时，运输中油箱内的气压应为 0.01 ～ 0.03MPa，有压力监视和气体补充装置。

设备到达现场后，由制造厂、运输部门、监理公司、风电场四方人员共同检查和记录运输和装卸中的受冲击情况，受到冲击的大小应低于制造厂及合同规定的允许值，记录纸和押运记录应由风电场留存。

安装前的保管期间，应经常检查设备情况，要做好检查记录。充油保管的变压器每六个月检查一次油的绝缘强度；充气保管的变压器应检查气体压力和露点，要求压力维持在 0.01 ～ 0.03MPa，露点低于 –40℃。应严格按产品技术要求和 GB 50148—2010《电气装置安装工程 电力变压器、油浸电抗器、互感器施工及验收规范》的规定进行现场安装，确保设备安装质量。

变压器器身吊检和内检过程中，对检修场地应落实责任、设专人管理，做到对人员出入以及携带工器具、备件、材料等的严格登记管控，严防异物遗留在变压器内部。

安装在供货变压器上的套管应是进行出厂试验时该变压器所用的套管。油纸电容套管安装就位后，220kV 套管应静放 24h，330 ～ 500kV 套管应静放 36h 后方可带电。

套管安装时注意处理好套管顶端导电连接和密封面；检查端子受力和引线支承情况、外部引线的伸缩节情况，防止套管因过度受力引起的渗漏油；与套管相连接的长引线，当垂直高差较大时要采取引线分束措施。

变压器送电前，要确认分接开关位置正确无误。变压器应按照 GB 50150—2016《电气装置安装工程 电气设备交接试验标准》的要求进行交接验收试验。

新投运的变压器油中溶解气体含量的要求：在注油静置后与耐压和局部放电试验24h 后、冲击合闸及额定电压下运行 24h 后，各次测得的氢、乙炔和总烃含量应无明显区别；油中氢、总烃和乙炔气体含量应符合 DL/T 722—2014《变压器油中溶解气体分析和判断导则》的要求，见表 3-2。

表 3-2 　　　　　　　　　　新投运的变压器油中溶解气体含量 　　　　　　　单位：μL/L

气体	氢	乙炔	总烃
变压器和电抗器	< 10	0	< 20
套管	< 150	0	< 10

注 　1. 套管中的绝缘油有出厂试验报告，现场可不进行试验。
　　 2. 电压等级为 500kV 的套管绝缘油，宜进行油中溶解气体的色谱分析。

变压器应进行 5 次空载全电压冲击合闸，且无异常情况；第一次受电后持续时间不应少于 10min；励磁涌流不应引起保护装置的误动。带电后，检查本体及附件所有焊缝和连接面，不应有渗油现象。验收时，应移交基建阶段的全部技术资料和文件。

4. 运行监督

变压器的运行条件、运行维护、不正常运行和处理应符合 DL/T 572—2021《电力变压器运行规程》规定。

运行或备用中的变压器应定期检查，新安装或大修后投入运行或在异常状态下运行时应增加检查次数：新设备或经过检修、改造的变压器在投运 72h 内应进行检查；带严重缺陷运行时，根据缺陷情况重点检查有关部位；气象突变（如大风、大雾、大雪、冰雹、寒潮等）时，雷雨季节特别是雷雨后应进行检查。

开展变压器的定期巡视检查和变压器的不停电检查和停电检查。

变压器在以下异常情况下应加强监督：变压器铁芯接地电流超过规定值（100mA）时；油色谱分析结果异常时；瓦斯保护信号动作时；瓦斯保护动作跳闸时；变压器在遭受近区突发短路跳闸时；变压器运行中油温超过注意值时；变压器噪声和振动增大时。

5. 变压器的检修监督

推荐采用计划检修和状态检修相结合的检修策略。检修项目可结合设备运行状况和状态评价结果动态调整。

（1）状态评估。变压器状态评估时应对下面资料进行综合分析：运行中所发现的缺陷、异常情况、事故情况、出口短路次数及具体情况；负载、温度和主要组、部件的运行情况；历次缺陷处理记录；上次小修、大修总结报告和技术档案；历次试验记录（包括油的化验和色谱分析），了解绝缘状况；大负荷下的红外测温试验情况。

（2）检修质量要求。变压器本体和组部件的检修质量要求应符合 DL/T 573—2021《电力变压器检修导则》、DL/T 574—2021《电力变压器分接开关运行维修导则》及产品技术文件的规定。器身检修的环境及气象条件：环境无尘土及其他污染的晴天；空气相对湿度不大于 75%，如大于 75% 时应采取必要措施。

大修时器身暴露在空气中的时间应不超过如下规定：空气相对湿度 ≤ 65% 时不超过 16h，空气相对湿度 ≥ 75% 时不超过 12h。现场器身干燥，宜采用真空热油循环或真空热油喷淋的方法。有载分接开关的油室应同时按照相同要求抽真空。

采用真空加热干燥时，应先进行预热，并根据制造厂规定的真空值进行抽真空；按变压器容量大小，以 10 ～ 15℃/h 的速度升温到指定温度，再以 6.7kPa/h 的速度递减抽真空。

变压器油处理：大修后，注入变压器及套管内的变压器油质量应符合 GB/T 7595—2017《运行中变压器油质量》的要求；注油后，变压器及套管都应进行油样化验与色谱分析；变压器补油时应使用牌号相同的变压器油，如需要补充不同牌号的变压器油时，应先做混油试验，合格后方可使用。

检修中需要更换绝缘件时，应采用符合制造厂技术要求、检验合格的材料和部件，并经干燥处理。投入运行前必须多次排除套管升高座、油管道中的死区、冷却器顶部等处的残存气体。大修、事故抢修或换油后的变压器，施加电压前静止时间不应少于以下规定：110kV 的 24h，220kV 的 48h，500（330）kV 的 72h。

变压器更换冷却器时，必须用合格绝缘油反复冲洗油管道、冷却器和潜油泵内部，直至冲洗后的油试验合格并无异物为止。如发现异物较多，应进一步检查处理。大修完复装时，应注意检查油箱顶部与铁芯上夹件的间隙，如有碰触应进行消除。

干式变压器检修监督重点：干式变压器检修时，要对铁芯和线圈的固定夹件、绝缘垫块检查紧固，检查低压绕组与屏蔽层间的绝缘，防止铁芯线圈下沉、错位、变形，发生烧损；检查冷却装置，应运行正常，冷却风道清洁畅通，冷却效果良好；对测温装置进行校验。

6. 预防性试验及诊断性试验

变压器预防性试验的项目、周期、要求应符合 DL/T 596—2021《电力设备预防性试验规程》的规定及制造厂的要求。红外检测的方法、周期、要求应符合 DL/T 664—2016《带电设备红外诊断应用规范》的规定。

在下列情况进行变压器现场局部放电试验，试验方法参照 GB/T 7354—2018《高电压试验技术　局部放电测量》：变压器油色谱异常，怀疑设备存在放电性故障；绝缘部件或部分绕组更换并经干燥处理后。

在下列情况进行绕组变形试验，试验方法参照 DL/T 911—2016《电力变压器绕组变形的频率响应分析法》：正常运行的变压器应至少每 6 年进行一次绕组变形试验；电压等级 110kV 及以上的变压器在遭受出口短路、近区多次短路后，应做低电压短路阻抗测试或频响法绕组变形测试，并与原始记录进行比较，同时应结合短路事故冲击后的其他电气试验项目进行综合分析。

对运行 10 年以上、温升偏高的变压器可进行油中糠醛含量测定，以确定绝缘老化的程度，必要时可取纸样做聚合度测量，进行绝缘老化鉴定，试验方法和判据参照 DL/T 984—2018《油浸式变压器绝缘老化判断导则》。

事故抢修装上的套管，投运后的首次计划停运时，可取油样做色谱分析。停运时间超过 6 个月的变压器，在重新投入运行前，应按预防性试验规程要求进行有关试验。增容改造后的变压器应进行温升试验，以确定其负荷能力。必要时对油中气相色谱异常的大型变压器安装气相色谱在线监测装置，监视色谱的变化。

（三）互感器的技术监督

1. 设计选型审查

互感器设计选型应符合 GB 20840.1—2010《互感器　第 1 部分：通用技术要求》、DL/T 725—2013《电力用电流互感器使用技术规范》、DL/T 726—2013《电力用电磁式电压互感器使用技术规范》等标准及相关反事故措施的规定。电流互感器的技术参数和性能应满足 GB 1208—2006《电流互感器》的要求。电磁式电压互感器的技术参数和性能应满足 GB 1207—2006《电磁式电压互感器》的要求。电容式电压互感器的技术参数和性能应满足 GB/T 20840.5—2013《互感器　第 5 部分：电容式电压互感器的补充技术要求》的规定。

站内 35kV、10kV 电压互感器和电流互感器选用真空浇注式，其容量及精度应满足工程需要。高压电容式套管选型应符合 GB/T 4109—2022《交流电压高于 1000V 的绝缘套管》、DL/T 865—2004《126kV ～ 550kV 电容式瓷套管技术规范》、DL/T 1001—2006《复合绝缘高压穿墙套管技术条件》等标准及相关反事故措施的规定。SF_6互感器应具有良好的密封性能，在环境温度20℃条件下，互感器内部SF_6气体为额定压力时的年漏气率应不大于1%。互感器的壳体上应配有压力释放装置、压力指示器和密封继电器及气体取样阀门、接头。互感器瓷套爬电距离及伞裙结构应满足安装地点污秽等级及防雨闪要求，对重污秽区或高湿度的地区，应选用复合硅橡胶套管或大小伞裙结构的防污型瓷套。

2. 监造和出厂验收

（1）监造要求。根据DL/T 1054—2021《高压电气设备绝缘技术监督规程》的规定，220kV及以上电压等级的气体绝缘和干式互感器应进行监造和出厂验收。

检查工厂的生产条件是否满足产品工艺要求。核对重要原材料如硅钢片、金属件、电磁线、绝缘支撑件、浇注用树脂、绝缘油、SF_6气体等的供货商、供货质量是否满足订货技术条件的要求。核对外瓷套或复合绝缘套管、SF_6压力表和密度继电器、防爆膜或减压阀等重要配套组件的供货商、产品性能是否满足订货技术条件的要求。见证外壳焊接工艺是否符合制造厂工艺规程规定，探伤检测和压力试验是否合格。见证器身绝缘装配、引线装配、器身干燥、树脂浇注等关键工艺程序，考察生产环境、工艺参数控制、过程检验是否符合工艺规程的规定。见证出厂试验。每台设备必须按订货技术条件的要求进行试验。

（2）出厂验收。确认硅钢片、电磁线、绝缘材料、金属件、浇注用树脂、绝缘油、SF_6气体等的出厂检验报告及合格证符合相关的技术要求。确认瓷套或复合绝缘套管、SF_6压力表和密度继电器、防爆膜或减压阀等重要配套组件的出厂试验报告及合格证符合相关的技术要求。确认部件制造及器身装配、总装配符合制造厂的工艺规程要求。按合同规定的整机试验项目进行验收。确认试验项目齐全、试验方法正确、试验设备及仪器、仪表满足试验要求，试验结果符合相关标准的规定。

3. 安装和投产验收

（1）运输和保管。SF_6绝缘电流互感器运输时，制造厂应采取有效固定措施，防止内部构件振动移位损坏。运输时所充的气压应严格控制在允许范围内，每台产品上安装振动测试记录仪器，到达目的地后应在各方人员到齐情况下检查振动记录，若振动记录值超过允许值，则产品应返厂检查处理。

电容式套管运输应该有良好的包装、固定措施，运输套管应该装设有三维冲撞记录仪，并在到达现场后进行运输过程检查，确定运输过程无异常。互感器、耦合电容器在安装现场应直立式存放，并有必要的防护措施。干式环氧浇注式互感器要户内存放，并有必要的防护措施。电容式套管可以在安装现场短时水平存放保管，但若短期内（不超过一个月）不能安装，应置于户内且竖直放置；若水平存放，顶部抬高角度应符合制造厂要求，避免局部电容芯子较长时间暴露在绝缘油之外，影响绝缘性能。

（2）安装监督重点。互感器、耦合电容器、高压电容式套管安装应严格按GB 50148—2010《电气装置安装工程 电力变压器、油浸电抗器、互感器施工及验收规范》和产品的安装技术要求进行，确保设备安装质量。电流互感器一次端子所承受的机械力不应超过制造厂规定的允许值，其电气联结应接触良好，防止产生过热性故障。应检查膨胀器外罩、将军帽等部位密封良好，连接可靠，防止出现电位悬浮。互感器二次引线端子应有防转动措施，防止外部操作造成内部引线扭断。气体绝缘的电流互感器安装时，密封检查合格后方可充气至额定压力，静置 1h 后进行 SF$_6$ 气体微水测量。气体密度继电器必须经校验合格。电容式电压互感器配套组合要和制造厂出厂配套组合相一致，严禁互换。电容式套管安装时注意处理好套管顶端导电连接和密封面，检查端子受力和引线支承情况、外部引线的伸缩情况，防止套管因过度受力引起密封破坏渗漏油；与套管相连接的长引线，当垂直高差较大时要采取引线分束措施。

（3）投产验收。互感器、耦合电容器、高压套管安装后，应按照 GB 50150—2016《电气装置安装工程　电气设备交接试验标准》进行交接试验。

投产验收的重点监督项目：各项交接试验项目齐全、合格；设备外观检查无异常；油浸式设备无渗漏油；SF$_6$ 设备压力在允许范围内；变压器套管油位正常，油浸电容式穿墙套管压力箱油位符合要求；复合外套设备的外套、硅橡胶伞裙规整，无开裂、变形、变色等现象；接地规范、良好。

投产验收时，应提交基建阶段的全部技术资料和文件。

4. 运行监督

互感器、高压套管运行监督应依据 DL/T 727—2013《互感器运行检修导则》的规定进行；应开展互感器的定期巡视检查；应开展互感器的不停电检查和停电检查。

5. 检修试验监督

互感器、电容器、高压套管检修随设备、线路、开关站检修计划安排；临时性检修针对运行中发现的缺陷及时进行。检修项目的确定应符合相关规程要求，并可结合设备运行状况和状态评价结果动态调整。110kV 及以上电压等级的互感器、电容器、高压套管不应进行现场解体检修。110kV 以下老式电磁式互感器检修项目、内容、工艺及质量应符合 DL/T 727—2013《互感器运行检修导则》相关规定及制造厂的技术要求。互感器、高压套管预防性试验应按照 DL/T 596—2021《电力设备预防性试验规程》的规定进行。红外测温检测的方法、周期、要求应符合 DL/T 664—2016 的规定。定期进行复合绝缘外套憎水性检测。定期按可能出现的最大短路电流验算电流互感器动、热稳定电流是否满足要求。

（四）高压开关设备的技术监督

1. 设计选型审查

高压开关设备的设计选型应符合 GB 1984—2014《高压交流断路器》、GB/T 11022—2020《高压交流开关设备和控制设备标准的共用技术要求》、DL/T 402—2016《高压交流断路器》、DL/T 404—2018《3.6kV～40.5kV 交流金属封闭开关设备和控制设备》、DL/T 486—2021《高压交流隔离开关和接地开关》、DL/T 615—2013《高压交流断路器参数选用导则》等标准和相关反事故措施的规定。低压开关设备的设计选型应符合 GB 14048《低压开关设备和控制设备》系列标准的规定。断路器操动机构应优先选用弹簧机构、液压机构（包括弹簧储能液压机构）。单纯以空气作为外绝缘介质的开关设备，相间和对地的最小空气间隙见表 3-3。

表 3-3　　　　　　　　　　　　开关设备相间和对地最小空气间隙

额定电压（kV）	3.6	7.2	12	24	40.5
相间和相对地（mm）	75	100	125	180	300
带电体至门（mm）	105	130	155	210	330

以空气和绝缘板组成的复合绝缘作为绝缘介质的开关设备和控制设备，带电体与绝缘板之间的最小空气间隙应满足下述要求：对 2.6kV、7.2kV 和 12kV 电压等级的高压开关设备应不小于 30mm；对 24kV 电压等级的高压开关设备应不小于 45mm；对 40.5kV 电压等级的高压开关设备应不小于 60mm。

SF_6 密度继电器与开关设备本体之间的连接方式应满足不拆卸校验密度继电器的要求。密度继电器应装设在与断路器同一运行环境温度的位置，以保证其报警、闭锁接点正确动作。高压开关设备机构箱、汇控箱内应有完善的驱潮防潮装置，防止凝露造成二次设备损坏。高压开关柜配电室应配置通风、驱潮防潮装置，防止凝露导致绝缘事故。

2. 监造和出厂验收

（1）主要监造内容。断路器监造项目和技术要求见表 3-4。

表 3-4　　　　　　　　　　　　断路器监造项目和技术要求

序号	项目名称	监造方法	标准或要求
1	绝缘拉杆	现场见证	机械强度取样试验、例行工频耐压试验、局部放电试验，应符合技术要求
2	灭弧室	现场见证	触头质量、喷嘴材料进厂验收，应符合制造厂技术条件
3	并联电容器	文件见证	电容量、介损值、工频耐压、局部放电，应符合有关标准要求
4	并联电阻	文件见证	每相并联电阻值，应符合订货技术要求
5	总装出厂试验	现场见证	检查产品铭牌参数与订货技术要求一致；机械特性、操作特性、电气特性、检漏试验等均应符合订货技术要求

隔离开关监造项目和技术要求见表 3-5。

表 3-5 隔离开关监造项目和技术要求

序号	项目名称	监督方法	标准或要求
1	操动机构	现场见证	无变形，无卡涩，操作灵活
2	总装出厂试验	现场见证	检查产品铭牌参数与订货技术协议一致；各项技术参数，包括绝缘试验、机械操作试验、回路电阻测量，均应符合订货技术要求

（2）出厂验收。除了对规定的受监造高压开关设备进行出厂验收以外，有条件时宜对批量采购的真空断路器进行出厂验收。

3. 安装和投产验收

（1）SF$_6$断路器。

1）SF$_6$断路器的安装。SF$_6$断路器现场安装应符合 GB 50147—2010《电气装置安装工程 高压电器施工及验收规范》、产品技术条件和相关反事故措施的规定；设备及器材到达现场后应及时检查；安装前的保管应符合产品技术文件要求；72.5kV 及以上电压等级断路器的绝缘拉杆在安装前必须进行外观检查，不得有开裂起皱、接头松动和超过允许限度的变形；SF$_6$气体注入设备后必须进行湿度试验，且应对设备内气体进行 SF$_6$纯度检测，必要时进行气体成分分析；断路器安装完成后，应对设备载流部分和引下线进行检查。均压环应无划痕、毛刺，安装应牢固、平整、无变形；均压环宜在最低处打排水孔；SF$_6$断路器安装后应按 GB 50150—2016《电气装置安装工程 电气设备交接试验标准》进行交接试验。

2）SF$_6$断路器的投产验收。断路器应固定牢靠，外表清洁完整；动作性能应符合产品技术文件的规定；电气连接应可靠且接触良好；断路器及其操动机构的联动应正常，无卡阻现象；分、合闸指示应正确；辅助开关动作应正确可靠；密度继电器的报警、闭锁定值应符合产品技术文件的要求；电气回路传动应正确；SF$_6$气体压力、泄漏率和含水量应符合 GB 50150—2016《电气装置安装工程 电气设备交接试验标准》及产品技术文件的规定；接地应良好，接地标志清楚；验收时，应移交基建阶段的全部技术资料和文件。

（2）隔离开关。

1）隔离开关的安装。隔离开关现场安装应符合 GB 50147—2010《电气装置安装工程 高压电器施工及验收规范》、产品技术条件和相关反事故措施的规定；隔离开关安装后应按 GB 50150—2106《电气装置安装工程 电气设备交接试验标准》进行交接试验，应各项试验合格。

2）隔离开关的投产验收。操动机构、传动装置、辅助开关及闭锁装置应安装牢固，动作灵活可靠，位置指示正确；合闸时三相不同期值应符合产品技术文件要求；相间距离及分闸时触头打开角度和距离，应符合产品技术文件要求；触头应接触紧密良好，接触尺寸应符合产品技术文件要求；隔离开关分、合闸限位正确；合闸直流电阻测试应符合产品技术文件要求；验收时，应移交基建阶段的全部技术资料和文件。

（3）真空断路器和高压开关柜。

1）安装和调整：应按产品技术条件和 GB 50147—2010《电气装置安装工程　高压电器施工及验收规范》的规定进行现场安装和调整；真空断路器和高压开关柜安装后应按 GB 50150—2106《电气装置安装工程　电气设备交接试验标准》进行交接试验，各项试验应合格。

2）投产验收：电气连接应可靠接触；绝缘部件、瓷件应完好无损；真空断路器与操动机构联动应正常、无卡阻；分、合闸指示应正确；辅助开关动作应准确、可靠；高压开关柜应具备电气操作的"五防"功能；高压开关柜所安装的带电显示装置应显示正确；验收时，应移交基建阶段的全部技术资料和文件。

4. 运行监督

应开展高压开关设备的定期巡视检查，应开展高压开关设备的不停电检查和停电检查。

SF_6 气体的质量监督，进行 SF_6 气体湿度监测，灭弧室气室含水量应小于 $300\mu L/L$，其他气室小于 $500\mu L/L$；进行 SF_6 气体泄漏监测，每个隔室的年漏气率不大于 1%；SF_6 断路器补气时应使用经检验合格的 SF_6 气体。

5. 检修与试验监督

推荐采用计划检修和状态检修相结合的检修策略。检修项目的确定可结合设备运行状况和状态评价结果动态调整。

SF_6 断路器检修重点：对断路器的各连接拐臂、联板、轴、销进行检查，如发现弯曲、变形或断裂，应找出原因，更换零件并采取预防措施；液压（气动）机构分、合闸阀的阀针应无松动或变形，防止由于阀针松动或变形造成断路器拒动；分、合闸铁芯应动作灵活，无卡涩现象，以防拒分或拒合；断路器操动机构检修后应检查操动机构脱扣器的动作电压是否符合 30% 和 65% 额定操作电压的要求；在 80%（或 85%）额定操作电压下，合闸接触器是否动作灵活且吸持牢靠。

隔离开关检修重点：绝缘子表面应清洁；瓷套、法兰不应出现裂纹、破损；涂敷 RTV 涂料的瓷外套憎水性良好，涂层不应有缺损、起皮、龟裂；主触头接触面无过热、烧伤痕迹，镀银层无脱落现象；回路电阻测量值应符合产品技术文件的要求；操动机构分、合闸操作应灵活可靠，动、静触头接触良好；传动部分应无锈蚀、卡涩，保证操作灵活；操作机构线圈最低动作电压符合产品技术文件的要求；应严格按照有关检修工艺进行调整与测量，分、合闸均应到位。

真空断路器和高压开关柜检修重点：真空灭弧室的回路电阻、开距及超行程应符合产品技术文件要求，其电气或机械寿命接近终了前必须提前安排更换；真空断路器静触头梅花触指无过热、变形，弹簧在卡槽中，无过热，缩紧弹力满足要求。

高压开关设备预防性试验的项目、周期和要求应按 DL/T 596—2021 及产品技术文件执行。高压支柱绝缘子应定期进行探伤检查。用红外热像仪测量各连接部位、断路器、隔离开关触头等部位。

检测方法、评定准则参照 DL/T 664—2016《带电设备红外诊断应用规范》。试验周期：交接及大修后带负荷一个月内（但应超过 24h）；220kV 及以上变电站和通流较大的开关设备 3 个月，其他 6 个月。

（五）气体绝缘金属封闭开关设备（GIS）监督

1. 设计选型审查

（1）总的技术要求。GIS 的选型应符合 DL/T 617—2019《气体绝缘金属封闭开关设备技术条件》、DL/T 728—2013《气体绝缘金属封闭开关设备选用导则》和 GB 7674—2020《额定电压 72.5kV 及以上气体绝缘金属封闭开关设备》等标准和相关反事故的要求；GIS 外壳、内部元件的选择应满足其各自的标准要求。根据使用要求，确定 GIS 各元件在正常负荷条件和故障条件下的额定值，并考虑系统的特点及其今后预期的发展来选用 GIS。

（2）结构及组件的要求。额定值及结构相同的所有可能要更换的元件应具有互换性；应特别注意气室的划分，避免某处故障后劣化的 SF_6 气体造成 GIS 的其他带电部位的闪络，同时也应考虑检修维护的便捷性；GIS 的所有支撑不得妨碍正常维修巡视通道的畅通；GIS 的接地连线材质应为电解铜，并标明与地网连接处接地线的截面积要求；当采用单相一壳式钢外壳结构时，应采用多点接地方式，并确保外壳中感应电流的流通，以降低外壳中的涡流损耗；接地开关与快速接地开关的接地端子应与外壳绝缘后再接地，以便测量回路电阻，校验电流互感器变比，检测电缆故障。

2. 监造和出厂验收

根据 DL/T 1054—2021《高压电气设备技术监督规程》的规定，220kV 及以上电压等级的 GIS 成套设备应进行监造和出厂验收。110kV 电压等级 GIS 成套设备宜进行监造和出厂验收。

（1）主要监造内容。GIS 监造项目参照 DL/T 586—2008《电力设备监造技术导则》，重点项目见表 3-6。

表 3-6　　　　　　　　　　　　GIS 监造项目

序号	监造部件	监造方法	见证项目
1	盘式、支持绝缘子	现场见证	（1）材质、外观及尺寸检查。 （2）电气性能试验。 （3）机械性能试验
2	触头、防爆膜	现场见证	（1）射线检验。 （2）机械尺寸

续表

序号	监造部件	监造方法	见证项目
3	外壳	文件见证	（1）材质报告。 （2）焊接质量检查和探伤试验
		现场见证	水压试验
4	出线套管	文件见证	配套厂家出厂试验报告
		现场见证	（1）焊接质量检查和探伤试验。 （2）水压试验
5	伸缩节	文件见证	质量保证书
6	电压互感器	现场见证	配套厂家出厂试验
7	避雷器	现场见证	配套厂家出厂试验
8	电流互感器	文件见证	（1）一般结构检查。 （2）绝缘电阻测量。 （3）绕组电阻测量。 （4）极性试验。 （5）误差试验。 （6）励磁特性试验
9	断路器	现场见证	（1）一般结构检查。 （2）机械操作试验。 （3）闭锁装置动作试验。 （4）二次线路确认。 （5）液压泵充油试验。 （6）机械特性试验
10	隔离开关、接地开关	文件见证	（1）一般结构检查。 （2）分、合试验
		现场见证	电气联锁试验
11	运输单元组装、套管单元、母线单元	现场见证	（1）SF$_6$气体密封检查。 （2）一般结构检查 （3）辅助回路绝缘试验。 （4）主回路电阻测量
		停工待检	（1）主回路雷电冲击耐压试验。 （2）主回路工频耐压试验
		现场见证	超声波检查
		停工待检	局部放电测量
12	包装及待运	现场见证	现场查看

（2）出厂验收。确认试验项目齐全，试验方法正确，试验设备及仪器仪表满足试验要求，各部件、单元试验结果符合相关标准的规定。

（3）安装和投产验收。

1）运输和保管重点。GIS 运输和保管条件应符合产品技术文件的规定；GIS 应在密封和充低压力的干燥气体（如 SF_6 或 N_2）的情况下包装、运输和贮存，以免潮气侵入；GIS 的运输包装符合制造厂的包装规范，并应能保证各组成元件在运输过程中不致遭到破坏、变形、丢失及受潮；对于外露的密封面，应有预防腐蚀和损坏的措施；各运输单元应适合于运输及装卸的要求，并有标志，以便用户组装；包装箱上应有运输、贮存过程中必须注意事项的明显标志和符号；设备及器材在安装前的保管期限应符合产品技术文件要求，在产品技术文件没有规定时应不超过 1 年。

2）安装监督重点。GIS 安装应符合产品技术文件和 GB 50147—2010《电气装置安装工程 高压电器施工及验收规范》的规定；GIS 在现场安装后、投入运行前的交接试验项目和要求，应符合 GB/T 11023—2018《高压开关设备六氟化硫气体密封试验方法》、GB 50150—2016《电气装置安装工程 电气设备交接试验标准》及 DL/T 618—2022《气体绝缘金属封闭开关设备现场交接试验规程》以及产品技术文件等有关规定。

3）投产验收重点。GIS 应安装牢靠、外观清洁，动作性能应符合产品技术文件的要求；螺栓紧固力矩应达到产品技术文件的要求；电气连接应可靠、接触良好；GIS 中的断路器、隔离开关、接地开关及其操动机构的联动应正常、无卡阻现象；分、合闸指示应正确；辅助开关及电气闭锁应动作正确、可靠；密封继电器的报警闭锁值应符合规定，电气回路传动应正确；SF_6 气体漏气率和含水量应符合相关标准和产品技术文件的规定；验收时，应移交基建阶段的全部技术资料和文件。

3. 运行监督

（1）运行维护的基本技术要求。GIS 运行维护技术要求应符合 DL/T 603—2017《气体绝缘金属封闭开关设备运行维护规程》的规定，包括 GIS 室的安全防护措施、GIS 主回路和外壳接地、GIS 外壳温升、GIS 中 SF_6 气体质量。

（2）临时性检查。根据 GIS 设备的运行状态或操作累计动作数值，依据制造厂的运行维护检查项目和要求进行必要的临时性检查，主要内容包括：若气体湿度有明显增加时，应及时检查其原因；当 GIS 设备发生异常情况时，应对有怀疑的元件进行检查和处理。临时性检查的内容应根据发生的异常情况或制造厂的要求确定。

（3）SF_6 气体泄漏监测。根据 SF_6 气体压力、温度曲线、监视气体压力变化，发现异常应查明原因。

1）气体压力监测：检查和抄表次数依实际情况而定。

2）气体泄漏检查：必要时；当发现压力表在同一温度下，相邻两次读数的差值达 0.01～0.03MPa 时，应进行气体泄漏检查。

3）气体泄漏标准：每个隔室年漏气率小于 1%。

4）SF_6 气体补充气：根据监测各隔室的 SF_6 气体压力的结果，对低于额定值的隔室，

应补充 SF_6 气体，并做好记录。GIS 设备补气时，新气质量应符合标准。

（4） SF_6 气体湿度监测。监测周期：新设备投入运行及分解检修后 1 年应监测 1 次；运行 1 年后若无异常情况，可隔 1～3 年检测 1 次。如湿度符合要求，且无补气记录，可适当延长检测周期。 SF_6 气体湿度允许标准见表 3-7，或按制造厂标准。

表 3-7　　　　　　　　　　　　　 SF_6 气体湿度允许标准

气室	有电弧分解的气室	无电弧分解的气室
交接验收值	≤ 150μL/L	≤ 250μL/L
运行允许值	≤ 300μL/L	≤ 500μL/L

注　测量时环境温度为 20℃，大气压力为 101325Pa。

4. 检修监督

（1）检修策略。推荐采用计划检修和状态检修相结合的检修策略。检修项目和周期的确定可结合设备运行状况和状态评价结果动态调整。正常情况下，每 15 年或按制造厂规定应对主回路元件进行一次大修。检修年限可根据设备运行状况适当延长。

GIS 处于全部或部分停电状态下，对断路器或其他设备的分解检修，其内容与范围应根据运行中发生的问题而定，这类分解检修宜由制造厂负责或在制造厂指导下协同进行，推荐由制造厂承包进行。因内部异常或故障引起的检修应根据检查结果，对相关元、部件进行处理或更换。

（2）GIS 分解检修项目。GIS 处于全部或部分停电状态下，对断路器或其他设备的分解检修，其内容与范围应根据运行中发生的问题而定，这类分解检修宜由制造厂负责或在制造厂指导下协同进行。每 15 年或按制造厂规定应对主回路元件进行一次大修，主要内容如下：断路器本体一般不用检修，达到制造厂规定的操作次数或表 3-8 的操作次数应进行分解检修，以及电气回路、操动机构、绝缘件检查和相关试验。

表 3-8　　　　　　　　　　　 断路器动作（或累计开断电流）次数

使用条件	规定操作次数
空载操作	3000
开断负荷电流	2000
开断额定短路开断电流	15

5. 试验监督

（1）检修试验。分解检修后应进行下列试验：绝缘电阻测量；主回路耐压试验；断路器、隔离开关、互感器、避雷器等元器件应按各自标准进行；主回路电阻测量；密封试验；联锁试验； SF_6 气体湿度测量；局部放电试验（必要时）。各项试验结果符合相关标准的规定，验收合格。

（2）预防性试验。GIS 的试验项目、周期和要求应符合 DL/T 596—2021《电力设备预防性试验规程》的规定。GIS 解体检修后的试验应按 DL/T 603—2017《气体绝缘金属封闭开关设备运行维护规程》的规定进行。新投入运行的 GIS 设备，宜在投运后一个月内对所有气室进行气体分解物（杂质）的检测，并进行横向比较，对怀疑有问题的气室应进行解体检查。绝缘红外检测参照 DL/T 664—2016《带电设备红外诊断应用规范》规定的检测方法、检测仪器及评定准则进行。SF_6 新气到货后，充入设备前应按 GB/T 12022—2014《工业六氟化硫》及 DL/T 603—2017《气体绝缘金属封闭开关设备运行维护规程》验收。

（六）无功补偿装置的技术监督

1. 设计选型审查

站内无功补偿装置设计选型应符合 DL/T 604—2020《高压并联电容器装置使用技术条件》、DL/T 628—1997《集合式高压并联电容器订货技术条件》和 GB 50227—2017《并联电容器装置设计规范》等标准和相关反事故的要求。新建风电场设计时，应使用 SVG 无功补偿装置。

选型时应考虑安装、运行、检修等方面的要求，以便于并联电容器的运行、维护、检修和监督检查。选型时应注意：大容量并联电容器保护方式的选择；空芯电抗器的发热；10kV 系统用的并联电容器的内部元件不宜采用 3 串结构；禁止选用开关序号小于 12 的真空开关投切并联电容器组；禁止采用开关装在中性点侧的接线方式；户内型熔断器不得用于户外并联电容器组。

2. 安装和投产验收

无功补偿装置安装、调试按照 GB 50147—2010《电气装置安装工程 高压电器施工及验收规范》的规定进行。运行维护单位应根据有关规定，及时参与无功补偿装置安装、调试；见证、审查调试项目和结果，必要时可以抽检。应按 GB 50150—2016《电气装置安装工程 电气设备交接试验标准》规定的试验项目对装置中的电容器、电抗器、断路器、互感器等设备进行交接验收，各项指标应符合技术标准及产品要求。工程验收时，应按 GB 50147—2010《电气装置安装工程 高压电器施工及验收规范》规定的检查项目进行检查，并移交基建阶段的全部资料和文件。

3. 检修与试验监督

电容器组设备不规定具体的检修周期，通过运行巡视、停运检查及预防性试验判断电容器的运行状态，并在发现缺陷后按缺陷处理办法进行检修处理。无功补偿装置中各元件应按 DL/T 596—2021《电力设备预防性试验规程》规定的周期、项目及要求进行预防性试验。运行后，每年进行一次谐波测量。正常运行时，每季度进行一次红外成像测温，每周进行一次测温。

（七）金属氧化物避雷器的技术监督

1. 设计选型审查

金属氧化锌避雷器的设计、选型应符合 GB/T 311.1—2012《绝缘配合 第 1 部分：定义、原则和规则》、GB 11032—2020《交流无间隙金属氧化物避雷器》、DL/T 815—2021《交流输电线路用复合外套金属氧化物避雷器》和 DL/T 804—2014《交流电力系统金属氧化物避雷器使用导则》中的有关规定和相关反事故措施的要求。新建 330kV 变电站应在 330kV 出线上及主变压器 330kV 侧处装设避雷器。多雷地区敞开式变电站应在 110 ～ 220kV 进、出线间隔入口处装设金属氧化物避雷器。箱式变电站内安装的避雷器，其接地端应与变压器外壳连接，再与接地装置连接。多雷地区宜采取增加架空集电线避雷器数量的方式提高防雷效果，并要求设计院提供相应计算报告。大容量型过电压保护器应选用现场应用 3 年以上，质量可靠，未发生批次性故障的产品，厂家应提供现场应用证明文件。

2. 监造和出厂验收

330kV 及以上电压等级的避雷器宜进行监造和出厂验收。

主要监造内容：核对主要原材料 ZnO 及其他金属氧化物添加物、电极用银浆、绝缘支持棒等的供货商、供货质量是否符合订货技术条件的要求；核对主要配套件如避雷器外套、防爆片、压缩弹簧、泄漏电流及放电计数在线监测器等的供货商、供货质量是否符合订货技术条件的要求；见证金属氧化物电阻片心柱装配及避雷器总装配；见证出厂试验。

出厂验收：查验主要配套件如避雷器外套、防爆片、泄漏电流及放电计数监测器等出厂试验报告、合格证，对符合要求的予以签字确认；按监造合同规定的出厂试验项目进行验收，试验结果符合相关标准要求，在质量见证单上签字确认。

3. 安装和投产验收

避雷器的安装和投产验收应符合 GB 50147—2010《电气装置安装工程 高压电器施工及验收规范》的要求，均压环应水平安装，安装深度满足设计要求，在最低处宜打排水孔。

避雷器安装前，应进行下列检验：瓷件或复合外套应无裂纹、破损；运输时用以保护金属氧化物避雷器防爆片的上、下盖子应取下，防爆片应完好无损；避雷器的安全装置应完好无损。

放电计数器指示装置应密封良好、动作可靠，并应按产品的技术规定连接，安装位置应一致，且便于观察；接地应可靠，放电计数器宜恢复至零位。避雷器引线的连接不应使端子受到超过允许的外加应力。安装结束后，按照 GB 50150—2016《电气装置安装工程 电气设备交接试验标准》相关要求进行交接验收试验。验收时，应移交基建阶段全部技术资料和文件。

4. 运行维护监督

应开展高压开关设备的定期巡视检查、不停电检查和停电检查；定期进行避雷器运行中带电测试，当发现异常情况时，应及时查明原因。

5. 试验监督

避雷器预防性试验的周期、项目和要求按 DL/T 596—2021《电力设备预防性试验规程》执行。大容量型过电压保护器试验周期及方法按照产品厂家技术条件执行。用红外热像仪检测引线接头及瓷套表面等部位，检测方法、检测仪器及评定准则参照 DL/T 664—2016《带电设备红外诊断应用规范》。

检测周期：交接及大修后带电一个月内（但应超过 24h）；220kV 及以上变电站 3 个月；其他 6 个月；必要时。

（八）设备外绝缘防污闪的技术监督

1. 设计选型审查

绝缘子的型式选择和尺寸确定应符合 GB/T 26218.1 ～ 26218.3《污秽条件下使用的高压绝缘子的选择和尺寸确定》系列标准、GB 50061—2010《66kV 及以下架空电力线路设计规范》、DL/T 5092—1999《（110 ～ 500）kV 架空送电线路设计技术规程》等标准的相关要求。设备外绝缘的配置应满足相应污秽等级对统一爬电比距的要求，并宜取该等级爬电比距的上限。室内设备外绝缘的爬距应符合 DL/T 729—2000《户内绝缘子运行条件　电气部分》的规定，并应达到相应于所在区域污秽等级的配置要求，严重潮湿的地区要提高爬距。

2. 维护监督

应开展设备外绝缘的定期巡视检查。分理安排清扫周期，提高清扫效果。110 ～ 500kV 电压等级每年清扫一次，宜安排在污闪频发季节前 1 ～ 2 个月内进行。定期进行现场污秽度测量，掌握所在地区的现场污秽度、自清洗性能和积污规律，以现场污秽度指导风电场外绝缘配合工作。

选择现场污秽度测量点的要求：站内每个电压等级选择一两个测量点，参照绝缘子以 7 ～ 9 片为宜，并悬挂于接近母线或架空线高度的构架上；测量点的选取要从悬式绝缘子逐渐过渡到棒型支柱绝缘子；明显污秽成分复杂地段应适当增加测量点。

当外绝缘环境发生明显变化及新的污染源出现时，应核对设备外绝缘爬距，不满足规定要求时，应及时采取防污闪措施，如防污闪涂料或防污闪辅助伞裙等。对于避雷器瓷套不宜单独加装辅助伞裙，但可将辅助伞裙与防污闪涂料结合使用。

防污闪涂料的技术要求：防污闪涂料的选用应符合 DL/T 627—2018《绝缘子用常温固化硅橡胶防污闪涂料》的技术要求，宜优先选用 RTV － Ⅱ型防污闪涂料；运行中的防污闪涂层出现起皮、脱落、龟裂等现象，应视为失效，应采取复涂等措施；防污闪涂层在有效期内一般不需要清扫或水洗；发生闪络后防污闪涂层若无明显损伤，也可不重涂。

对复合外套绝缘子及涂覆防污闪涂料的设备应设置憎水性监测点，并定期开展憎水性检测。检测周期依据 DL/T 864—2004《标称电压高于 1000V 交流架空线路用复合绝缘子使用导则》要求进行，监测点的选择原则是在每个生产厂家的每批防污闪涂料中，选择电压等级最高的一台设备的其中一相作为测量点。

3. 防污闪的试验监督

支柱绝缘子、悬式绝缘子和合成绝缘子的试验项目、周期和要求应符合 DL/T 596—2021《电力设备预防性试验规程》的规定。合成绝缘子的运行性能检验项目按 DL/T 864—2004《标称电压高于 1000V 交流架空线路用复合绝缘子使用导则》执行。绝缘红外检测参照 DL/T 664—2016《带电设备红外诊断应用规范》规定的检测方法、检测仪器及评定准则进行。

（九）接地装置的技术监督

1. 设计选型审查

风电场接地装置的设计选型应依据 GB 50065—2011《交流电气装置的接地设计规范》和其他设计规程进行，审查地表电位梯度分布、跨步电势、接触电势、接地阻抗等指标的安全性和合理性，以及防腐措施的有效性。

风力发电机组的防雷保护，包括叶片的防雷保护、机舱的防雷保护、塔架防雷保护，塔架地基接地电阻一般应小于 4Ω，在土壤电阻率较大的地方，应按照 NB/T 31056—2014《风力发电机组接地技术规范》的规定进行短路容量校核，如不能满足要求，应改善接地状况。

除少雷区外，35kV 及以上电压等级的架空集电线路应全线架设地线，地线的保护角不宜大于 25°。对于有地线的架空集电线路，单基杆塔的工频接地电阻应符合 NB/T 31057—2014《风力发电场集电系统过电压保护技术规范》的相关要求。在多雷区，架空集电线应安装线路用避雷器，宜全线安装，也可考虑架设双地线，适当加强绝缘、改善接地。10kV 架空线电缆上杆，杆塔需接地。根据风电场内的地质、地貌、土壤电阻率，确定接地装置的主要型式，满足杆塔接地电阻值的要求。确定升压站接地装置的型式和布置时，考虑保护接地的要求，应降低接触电位差和跨步电位差，并应符合 GB 50065—2011《交流电气装置的接地设计规范》的规定。

新建工程设计应结合长期规划考虑接地装置（包括设备接地引下线）的热稳定容量，并提出接地装置的热稳定容量计算报告。接地装置腐蚀比较严重的风电场宜采用铜质材料的接地网。变压器中性点应有两根与主接地网不同地点连接的接地引下线，且每根引下线均应符合热稳定的要求。重要设备及设备架构等宜有两根与主接地网不同地点连接的接地引下线，且每根接地引下线均应符合热稳定要求。严禁将设备构架作为引下线。连接引线应便于定期进行检查测试。当输电线路的避雷线和升压站的接地装置相连时，应采取措施使避雷线和接地装置有便于分开的连接点。

2. 施工和投产验收

接地装置的施工和投产验收应严格按 GB 50169—2016《电气装置安装工程 接地装置施工及验收规范》的要求执行，施工完毕后，按照 GB 50150—2016《电气装置安装工

程　电气设备交接试验标准》的要求进行交接验收试验。

验收时应按下列要求进行检查：按设计图纸施工完毕，接地施工质量符合 GB 50169—2016《电气装置安装工程　接地装置施工及验收规范》要求；整个接地网外露部分的连接可靠，接地线规格正确，防腐层完好，标志齐全明显；避雷针（带）的安装位置及高度符合设计要求；供连接临时接地线用的连接板的数量和位置符合设计要求；工频接地电阻值及设计要求的其他测试参数符合设计规定，雨后不应立即测量接地电阻。

3. 维护与试验监督项目

对于已投运的接地装置，应根据地区短路容量的变化，校核接地装置（包括设备接地引下线）的热稳定容量，并结合短路容量变化情况和接地装置的腐蚀程度有针对性地对接地装置进行改造。对不接地、经消弧线圈接地、经低阻或高阻接地系统，必须按异点两相接地校核接地装置的热稳定容量。

定期检查有效接地系统变压器中性点棒间隙距离（特别是在间隙动作后），如不符合要求，应及时调整。所有设备在投入使用前必须测试设备与接地网的连接情况，严禁设备失地运行。定期（沿海、盐碱等腐蚀严重地区及采用降阻剂的接地网不超 6 年，其他不超 12 年）通过开挖抽查等手段确定接地网的腐蚀情况。根据电气设备的重要性和施工的安全性，选择 5 ～ 8 个点沿接地引下线进行开挖检查，要求不得有开断、松脱或严重腐蚀等现象。如发现接地网腐蚀较为严重，应及时进行处理。铜质材料接地体地网不必定期开挖检查。接地装置预防性试验的项目、周期、要求应符合 DL/T 596—2021《电力设备预防性试验规程》的规定；接地装置的特征参数及土壤电阻率测定的一般原则、内容、方法、判据、周期参照 DL/T 475—2017《接地装置特性参数测量导则》。

（十）电力电缆的技术监督

1. 设计选型审查

电力电缆线路的设计选型应根据 GB 50217—2017《电力工程电缆设计标准》、GB/T 12706《额定电压 1kV（U_m=1.2kV）到 35kV（U_m=40.5kV）挤包绝缘电力电缆及附件》系列标准、GB/T 11017《额定电压 110kV（U_m=126kV）交联聚乙烯绝缘电力电缆及其附件》系列标准、GB/T 12976《额定电压 35kV（U_m=40.5kV）及以纸绝缘电力电缆及其附件》系列标准、GB/T 9326《交流 500kV 及以下纸或聚丙烯复合纸绝缘金属套充油电缆及附件》系列标准、GB/T 18890《额定电压 220kV（U_m=252kV）交联聚乙烯绝缘电力电缆及其附件》系列标准和 GB 14049—2008《额定电压 10kV 架空绝缘电缆》等各项应电压等级的电缆产品标准进行。

审查电缆的绝缘、截面积、金属护套、外护套、敷设方式等以及电缆附件的选择是否安全、经济、合理。电缆敷设路径设计是否合理，包括运行条件是否良好，运行维护是否方便，防水、防盗、防外力破坏、防虫害的措施是否有效等。电缆的绝缘水平、导体材料和截面积、绝缘种类及电缆附件应满足电缆的使用条件，并提出电缆的安全性、经济性、合理性的要求。提出对原材料，如导体、绝缘材料、屏蔽用半导电材料的供货商和供货质量要求。

新、扩建工程中，应按反事故措施的要求落实电力电缆的防火措施，包括严格按正确的设计图册施工，做到布线整齐，各类电缆按规定分层布置，电缆的弯曲半径应符合要求，避免任意交叉，并留出足够的人行通道；控制室、开关室、计算机室等通往电缆夹层、隧道、穿越楼板、墙壁、柜、盘等处的所有电缆孔洞和盘面之间的缝隙（含电缆穿墙套管与电缆之间缝隙）必须采用合格的不燃或阻燃材料封堵；电缆竖井和电缆沟应分段做防火隔离，对敷设在隧道和厂房内构架上的电缆要采取分段阻燃措施；应尽量减少电缆中间接头的数量。如需要，应按工艺要求制作安装电缆头，经质量验收合格后，再用耐火防爆槽盒将其封闭。

2. 电力电缆的监造和出厂验收

220kV 及以上电压等级的电力电缆及附件应进行监造和出厂验收。

主要监造内容：电缆制造工艺和过程检验见证，检查各工艺环节是否符合制造厂工艺规程的要求，过程检验是否合格；附件如接头和终端套管组件、（充油电缆）压力箱等的出厂试验及抽样试验见证；电缆出厂试验及抽样试验见证。

出厂验收按监造合同规定的出厂试验项目，对电缆及附件进行验收。确认试验项目齐全、试验方法正确、试验设备及仪器仪表满足试验要求、试验结果符合相关标准要求后，在质量见证单上签字确认。

3. 安装和投产验收

电缆的安装和投产验收，电缆及其附件的运输、保管，应符合 GB 50168—2018《电气装置安装工程　电缆线路施工及验收规范》及国家现行的有关标准规范的规定。当产品有特殊要求时，应符合产品的要求。

电缆及其附件到达现场后，应按下列要求及时进行检查：产品的技术文件应齐全；电缆型号、规格、长度应符合订货要求；电缆外观不应受损，电缆封端应严密；当外观检查有怀疑时，应进行受潮判断或试验；附件应齐全，材质质量应符合产品技术要求。

电缆线路的安装应按已批准的设计方案进行施工。动力（电力）电缆终端头和中间接头制作为隐蔽工程，应进行旁站监督。6kV 以上电力电缆终端头制作按 30% 旁站检查；6kV 及以下电力电缆终端头制作按 5% 旁站检查；电缆中间接头 100% 旁站监督。

集电线路为电缆线路时，三芯电缆两端的金属屏蔽层应直接接地；单芯电缆一端的金属屏蔽层应直接接地、另一端的金属屏蔽层应经电缆护层保护器接地。电缆中间接头应按工艺要求制作，经验收合格后，用耐火防爆槽盒将其封闭。电力电缆安装后，按 GB 50150—2016《电气装置安装　工程电气设备交接试验标准》的规定进行交接试验。

验收时，应按下列要求进行检查：电缆型号、规格应符合规定；排列整齐，无机械损伤；标志牌应装设齐全、正确、清晰；电缆的固定、弯曲半径、有关距离和单芯电力电缆的金属护层的接线等应符合 GB 50168—2018《电气装置安装工程　电缆线路施工及验收规范》的规定，相序排列等应与设备连接相序一致，并符合设计要求；电缆终端、电缆接头及充油电缆的供油系统应固定牢靠；电缆接线端子与所接设备应接触良好；互联接地箱和交叉互联箱应接触可靠；充有绝缘剂的电缆终端、电缆接头及充油电缆的供油系统不应有渗漏现象；充油电缆的油压及表计整定值应符合要求；电缆线路所有应接地的接点应与接地极接触良好，接地电阻应符合设计要求；电缆终端的相色应正确，电缆支架等的金属部件防腐层应完好；电缆管口封堵应严密；电缆沟内应无杂物，盖板齐全，隧道内应无杂物，照明、通风、排水等设施应符合设计；直埋电缆路径标志，应与实际路径相符；路径标志应清晰、牢固；水底电缆线路两岸、禁锚区内的标志和夜间照明装置应符合设计要求；防火措施应符合设计，且施工质量合格。

4. 试验监督

电力电缆的预防性试验按 DL/T 596—2021《电力设备预防性试验规程》的规定进行。红外检测时，用红外热像仪检测电缆终端和非埋式电缆中间接头、交叉互联箱、外护套屏蔽接地点等部位。检测方法、检测仪器及评定准则参照 DL/T 664—2016《带电设备红外诊断应用规范》。

检测周期：交接及大修后带电一个月内（但应超过 24h）；220kV 及以上变电站 3 个月；其他 6 个月；必要时。

（十一）场内架空线路的技术监督

1. 设计选型审查

场内架空线的设计选型应符合 GB 50061—2010《66kV 及以下架空电力线路设计规范》等规程的要求。线路设计时尽量避开导地线易覆冰区域、舞动多发区、雷电多发区和鸟害故障的多发区域。

导线与架空地线的重点要求：线路的导线截面积除根据经济电流密度选择外，还应按电晕及无线电干扰等条件进行校验，并通过技术经济比较确定；根据气象条件、覆冰厚度、污秽和腐蚀等情况，结合运行经验选取导、地线的形式，如有盐雾影响应考虑采用防腐类导线，大跨距的应考虑采用钢芯加强型导线。验算导线允许载流量时，导线的允许温度：钢芯铝绞线和钢芯铝合金绞线可采用 +70℃（大跨越可采用 +90℃）；钢芯铝包钢绞线（包括铝包钢绞线）可采用 +80℃（大跨越可采用 +100℃）或经试验决定；镀锌钢绞线可采用 +125℃；地线应满足电气和机械使用条件要求，可选用镀锌钢绞线或复合型绞线。验算短路热稳定时，地线的允许温度：钢芯铝绞线和钢芯铝合金绞线可采用 +200℃；钢芯铝包钢绞线（包括铝包钢绞线）可采用 +300℃；镀锌钢绞线可采用 +400℃。计算时间和相应的短路电流值应根据系统情况决定。

金具的重点要求：金具应选用定型产品，推广使用节能型金具，采用非标金具必须通过技术鉴定；金具应具有足够的机械强度，考虑最大使用荷载时安全系数为 2.5，断线、断联时为 1.5；耐张和接续金具还应具有良好的导电性能。金具表面应热浸镀锌或采取其他防腐蚀措施；对在严重腐蚀、大跨越、重冰区、导线易舞动区、风口地带和季风较强地区等特殊区域使用的金具应适当提高相应性能指标；拉线金具的强度设计值，应取国家标准金具的强度标准值（特殊设计金具应取最小试验破坏强度值）除以 1.8 的抗力分项系数确定。

杆塔的重点要求：对导、地线易发生覆冰和舞动地段，应适当提高杆塔的承载力；对腐蚀严重地区，杆塔和基础设计应采取有针对性的防腐措施；对盗窃多发区应提高或改善铁塔及拉线的防盗能力；多雷区和山区的线路宜采用小保护角或负保护角的杆塔；杆塔电气间隙的设计应考虑带电作业和调爬的需要；在风口地带、季风较强地区和导、地线易舞动地区，杆塔应采取螺栓防松措施。

绝缘子串的重点要求：根据污区分布图，结合线路所经地区气象、污秽的实际情况，合理选用绝缘子形式；绝缘子串的爬电距离和结构长度的确定应考虑在工频电压、大气过电压、操作过电压、污秽等各种条件下均能安全可靠运行；绝缘子串的机械强度应满足相应使用条件的要求；多雷区，在满足风偏、电气间隙和交叉跨越距离的条件下，宜适当增加绝缘子片数；c 级及以上污秽区、维护困难地区，宜选用复合绝缘子；在既是多雷区又是污秽特别严重地区，采用复合绝缘子时，应选用加长型；瓷和玻璃绝缘子的选用，应充分考虑其爬距的有效性及运行经验。

2. 施工和投产验收

场内架空线路的施工和投产验收依据 GB 50233—2014《110kV～750kV 架空输电线路施工及验收规范》及相关标准执行。架空送电线路工程必须按照批准的设计文件和经有关方面会审的设计施工图施工。当需要变更设计时，应经设计单位同意。

工程测量及检查用的仪器、仪表、量具等，必须经过检定，并在有效使用期内。工程使用的原材料及器材必须符合国家、行业相关的标准，有该批产品出厂质量检验合格证书。保管期限超过规定、因保管不良有变质可能的；未按标准规定取样或试样不具代表性的，均必须重做检验。

土石方工程、杆塔基础和拉线基础的钢筋混凝土工程施工按 GB 50233—2014《110kV～750kV 架空输电线路施工及验收规范》、GB 50204—2015《混凝土结构工程施工质量验收规范》及其他相关标准的有关规定进行施工及验收。冬季施工应符合国家相关标准的规定。杆塔组立必须有完整的施工技术设计。组立过程中，应采取不导致部件变形或损坏的措施。杆塔各构件的组装应牢固。放线前应有完整有效的架线（包括放线、紧线及附件安装等）施工技术文件。绝缘子金具的安装应按规定的工艺规程执行。接地体的规格、埋深不应小于设计规定，接地电阻值不应大于设计规定值。工程验收应按隐蔽工程验收、中间验收和竣工验收的规定项目、内容进行。

工程在竣工验收合格后，应进行下列试验：测定线路绝缘电阻；核对线路相位；测定线路参数和高频特性；电压由零升至额定电压，但无条件时可不做；以额定电压对线路冲击合闸 3 次；带负荷试运行 24h。工程竣工后，应移交基建阶段全部技术资料和文件。

3. 运行维护监督

（1）导线与架空地线。定期检查导、地线（包括耦合地线、屏蔽线）有无锈蚀、断股、损伤或灼伤等情况；检测因环境温度变化、覆冰、蠕变等原因后引起的弧垂及交叉跨越距离变化情况；大负荷期间增加特巡，重点监测弧垂的变化和接点的过热情况；导、地线表面腐蚀、外层脱落或呈疲劳状态时，应取样进行强度试验。若试验值小于原破坏值的 80%，应换线；导、地线由于断股、损伤导致截面积减小的处理见表 3-9。

表 3-9　　　　　　　　　　　　导、地线截面积减小处理方法

线别	缠绕或护线预绞丝	用补修管或补修预绞丝补修	切断重接
钢芯铝绞线、钢芯铝合金绞线	断股损伤截面积不超过铝股或合金股面积 7%	断股损伤截面积不超过铝股或合金股总面积 7% ~ 25%	（1）钢芯断股。 （2）断股损伤截面积超过铝股总面积 25%
铝绞线、铝合金绞线	断股损伤截面积不超过铝总面积 7%	断股损伤截面积不超过铝总面积 7% ~ 17%	断股损伤截面积超过总面积 17%
镀锌钢绞线	19 股断 1 股	7 股断 1 股，19 股断 2 股	7 股断 1 股，19 股断 3 股

注　1. OPGW 的修补应特殊考虑。

2. 铝包钢芯铝绞线、铝包钢绞线的处理可参照执行。

3. 如断股损伤减少截面积虽达到重接的数值，但确认采用螺旋式补修条等新型的修补方法能恢复到原来强度及载流能力时，可不作切断重接处理。

（2）金具。线路发生重覆冰或舞动等异常情况后，应对其金具进行检查，对裂纹、变形、磨损严重、锌层脱落等不满足继续运行要求的金具应及时更换；对导线接续金具和耐张线夹应进行测温检查，测温宜选在线路负荷较大和环境温度较高进行；当温升超过 40K（1K=−272.15℃）或温度达到 90℃时，应采取相应措施；间隔棒应注意线夹紧固件的松脱和橡胶垫的磨损，发现问题立即处理。

（3）杆塔。杆塔结构无倾斜、横担无弯扭；杆塔部件无松动、锈蚀、损坏和缺件，发现问题要及时处理；基础无裂纹，防洪设施无坍塌和损坏，接地良好；塔材上无危及安全运行的鸟巢和异物。

（4）绝缘子串。绝缘子串无异物附着、无破损；绝缘子钢帽、钢脚无腐蚀；锁紧销无锈蚀、脱位或脱落；绝缘子串无移位或非正常偏斜；绝缘子串无严重局部放电现象；无明显闪络或电蚀痕迹；室温硫化硅橡胶涂层无龟裂、粉化、脱落；复合绝缘子无撕裂、鸟啄、变形；端部金具无裂纹和滑移；护套完整。

4. 试验监督

架空线路预防性试验的项目、周期、要求应符合 DL/T 596—2021《电力设备预防性试验规程》的规定。架空线路红外检测参照 DL/T 664—2016《带电设备红外诊断应用规

范》规定的检测方法、检测仪器及评定准则进行。

（十二）绝缘工器具监督

1. 检验监督

电气绝缘工具应按 GB 26860—2011《电力安全工作规程　发电厂和变电站电气部分》规定的周期、要求进行检验。试验方法参照 DL/T 1476—2015《电力安全工器具预防性试验规程》执行。常用电气绝缘工具试验一览见表 3-10。

表 3-10　　　　　　　　　常用电气绝缘工具试验一览表

序号	名称	电压等级（kV）	周期	交流工频耐压（kV）	持续时间（min）	泄漏电流（mA）	说明
1	绝缘杆	10	每年一次	45	1		试验长度 0.7m
		35		95	1		试验长度 0.9m
		63		175	1		试验长度 1.0m
		110		220	1		试验长度 1.3m
		220		440	1		试验长度 2.1m
		330		380	5		试验长度 3.2m
2	电容型验电器	10	每年一次	45	1		（1）试验长度与绝缘杆的试验长度相同。（2）启动电压值不高于额定电压的40%，不低于额定电压的15%
		35		95	1		
		63		175	1		
		110		220	1		
		220		440	1		
		330		380	5		
3	绝缘挡板	6～10	每年一次	30	1		
		35（20～44）		80	1		
4	绝缘罩	6～10	每年一次	30	1		
		35（20～44）		80	1		
5	绝缘夹钳	10	每年一次	45	1		试验长度 0.7m
		35		95			试验长度 0.9m
6	绝缘胶垫	高压	每年一次	15	1		适用于带电设备区域
		低压		3.5	1		

续表

序号	名称		电压等级（kV）	周期	交流工频耐压（kV）	持续时间（min）	泄漏电流（mA）	说明
7	绝缘手套		高压	每6个月一次	8	1	≤ 9	
			低压		2.5		≤ 2.5	
8	绝缘靴		高压	每6个月一次	15	1	≤ 7.5	
9	核相器	绝缘部分工频耐压试验	10	每年一次	45	1		试验长度0.7m
			35		95			试验长度0.9m
		动作电压试验		每年一次				最低动作电压应达到0.25倍额定电压
		电阻管泄漏电流试验	10	每6个月一次	10	1	≤ 2	
			35		35			
10	绝缘绳		高压	每6个月一次	100/0.5m	5		
11	携带型短路接地线	操作棒的工频耐压试验	10	不超过5年	45	1		试验电压加在护环与紧固头之间
			35		95	1		
			63		175	1		
			110		220	1		
			220		440	1		
			330		380	5		
			500		580	5		
		成组直流电阻试验		不超过5年	在各接线鼻之间测量直流电阻，对于25mm²、35mm²、50mm²、70mm²、95mm²、120mm²的各种截面积，平均每米的电阻值应分别小于0.79MΩ、0.56MΩ、0.40MΩ、0.28MΩ、0.21MΩ、0.16MΩ			同一批次抽测，不少于2条，接线鼻与软导线压接的应做该试验

序号	名称		电压等级（kV）	周期	交流工频耐压（kV）	持续时间（min）	泄漏电流（mA）	说明
12	个人保护接地线	成组直流电阻试验		不超过5年	在各接线鼻之间测量直流电阻，对于10mm²、16mm²、25mm²的截面积，平均每米的电阻值应分别小于1.98MΩ、1.24MΩ、0.79MΩ			同一批次抽测，不少于2条

2. 保管监督

绝缘工器具应登记造册，并建立每件工具的试验记录。应设置专用的绝缘工器具的存放场所，该存放场所应保持干燥，应装设恒温除湿装置。对不合格的绝缘工器具，应有明显的标志并单独存放；对不能修复的绝缘工器具，应及时报废处理。

3. 使用监督

使用绝缘工器具前应仔细检查其是否损坏、变形、失灵，并使用2500V绝缘电阻表或绝缘检测仪进行分段绝缘检测（电极宽2cm，极间宽2cm），阻值应不低于700MΩ。操作绝缘工具时应戴清洁、干燥的手套，并应防止绝缘工器具在使用过程中脏污和受潮。

三、技术监督评价细则

绝缘技术监督评价细则见表3-11。

表3-11　　　　　　　　　　　绝缘技术监督评价细则

序号	评价项目	评价内容与要求
1	风力发电机	
1.1	发电机状态	检查大部件更换记录。要求： （1）未发生批次性质量缺陷。 （2）投运以来更换数量不超过1台/50MW。 （3）发生批次性质量缺陷，已开展技改且效果明显。 （4）发生批次性质量缺陷，未开展技改但监督效果明确，且能够按要求持续开展运行监督
1.2	定期检查维护	查看风机定期检查报告。要求： （1）检验项目明确、周期合理。 （2）记录填写规范。 （3）检验结果准确。 （4）试验使用检定合格仪器仪表。 （5）报告经审核

序号	评价项目	评价内容与要求
1.3	发电机缺陷	查看试验报告、定期检查报告、出质保验收报告。要求不存在以下严重缺陷： （1）定、转子绕组故障、三相不平衡。 （2）发电机绕组、集电环、轴承超温。 （3）振动值超标。 （4）不合格预试项目
1.4	集电环及碳刷装置巡查和维护	查看巡查和维护记录。要求： （1）检查时间和次数符合运行规程的规定。 （2）定期清扫碳粉，无碳粉堆积。 （3）集电环表面光滑、与碳刷接触良好、运行时无火花。 （4）碳刷磨损在允许范围内。 （5）转子接地碳刷接触良好。 （6）无过热、无异常噪声
1.5	油脂加注	查看技术资料和维护记录。按厂家规定对发电机加注油脂，及时清理废油
1.6	发电机冷却系统维护	查看检修记录、试验报告。要求： （1）水冷却系统无渗水和漏水、按厂家规定时间更换冷却液。 （2）定期清理滤网，和维护冷却风扇部件
1.7	检修过程监督	查检修文件包记录。要求： （1）项目齐全。 （2）检修试验合格。 （3）见证点现场签字。 （4）质量三级验收
2	箱式变压器	
2.1	设备状态	检查箱式变压器历史故障记录。要求： （1）未发生批次性质量缺陷。 （2）投运以来更换数量不超过 1 台 /50MW。 （3）发生批次性质量缺陷，已开展技改且效果明显。 （4）发生批次性质量缺陷，未开展技改但监督效果明确，且能够按要求持续开展运行监督
2.2	预防性试验	查看预防性试验报告。要求： （1）试验周期符合规程的规定。 （2）项目齐全。 （3）方法正确。 （4）数据准确。 （5）结论明确。 （6）试验使用检定合格仪器仪表。 （7）报告经审核

序号	评价项目	评价内容与要求
2.3	设备缺陷	查看巡检记录、现场查看。要求： （1）箱式变压器油色谱检测结果未超过注意值。 （2）箱式变压器外壳密封良好、无锈蚀；防雨、防尘、通风、防潮等措施良好。 （3）套管外部无破损裂纹、无严重油污、无放电痕迹，油浸变压器油温和油位正常，各部位无渗油、无漏油。 （4）干式变压器的外部表面无积污、无放电痕迹及裂纹等。 （5）需接地的元件与接地导体连接牢固，无腐蚀
2.4	巡检和记录	查看巡检记录。要求： （1）有严重缺陷时。 （2）气象突变时（如大风、大雾、大雪、冰雹、寒潮等）。 （3）雷雨季节特别是雷雨后。 （4）高温季节、高峰负载期间。 （5）记录箱变油位、油温，避雷器放电计数
2.5	检修过程监督	查检修（含油处理）文件包（卡）记录。要求： （1）按期检修。 （2）检修试验合格。 （3）见证点现场签字。 （4）质量三级验收
3	主变压器	
3.1	预防性试验	查看预防性试验报告。要求： （1）试验周期符合规程的规定。 （2）项目齐全。 （3）方法正确。 （4）数据准确。 （5）结论明确。 （6）试验使用检定合格仪器仪表。 （7）报告经审核
3.2	变压器缺陷	查看预防性试验报告。要求： （1）不存在放电性缺陷和过热性缺陷。 （2）预试项目合格
3.3	巡检和记录	查看巡检记录。要求： （1）日常巡视每天一次，夜间巡视每周一次。 （2）特殊巡视检查：①新投运或检修改造后运行72h内；②有严重缺陷时；③气象突变时（如大风、大雾、大雪、冰雹、寒潮等）；④雷雨季节特别是雷雨后；⑤高温季节、高峰负载期间；⑥变压器急救负载运行时

序号	评价项目	评价内容与要求
3.4	变压器本体	现场查看、查看检查和维护记录。要求： （1）最高上层油温不超过85℃。 （2）铁芯、夹件外引接地良好，接地电流不超过100mA。 （3）无异常噪声和振动。 （4）无渗漏油
3.5	冷却装置	现场查看，查看检查和维护记录。要求： （1）冷却器应定期冲洗。 （2）无异物附着或严重积污。 （3）风扇运行正常。 （4）油泵转动时无异常噪声、振动或过热现象、密封良好。 （5）无渗漏油
3.6	套管	现场查看、查看维护记录。要求： （1）瓷套外表面应无损伤、爬电痕迹、闪络、接头过热等现象。 （2）油位正常。 （3）无渗漏油。 （4）爬距满足污区要求。 （5）无过热。 （6）每次拆接末屏引线后，应有确认套管末屏接地的记录
3.7	温度计	现场查看，查看温度计检验报告。要求： （1）应定期检查校验温度计。 （2）现场温度计指示的温度、控制室温度显示装置、监控系统的温度三者应基本保持一致，误差不超过5℃
3.8	储油柜	查看检查和维护记录。要求： （1）加强储油柜油位的监视，特别是温度或负荷异常变化时；巡视时应记录油位、温度、负荷等数据。 （2）应定期检查实际油位，不出现假油位现象。 （3）运行年限超过15年储油柜，应更换胶囊或隔膜
3.9	吸湿器	现场查看，查看维护记录。要求： （1）硅胶颜色正常，受潮硅胶不超过2/3。 （2）吸湿器油杯的油量要略高于油面线。 （3）呼吸正常
3.10	检修过程监督	查检修（含油处理）文件包（卡）记录。要求： （1）按期检修。 （2）器身暴露时间符合规定。 （3）真空注油。 （4）检修试验合格。 （5）见证点现场签字。 （6）质量三级验收

序号	评价项目	评价内容与要求
3.11	在线监测装置	抽查巡检及数据记录。要求： （1）工作正常。 （2）定期巡检。 （3）定期记录数据。 （4）定期与离线数据对比分析
4	互感器	
4.1	预防性试验	查看预防性试验报告。要求： （1）试验周期符合规程的规定。 （2）项目齐全。 （3）方法正确。 （4）数据准确。 （5）结论明确。 （6）试验使用检定合格仪器仪表。 （7）报告经审核
4.2	设备缺陷	现场查看，查看巡检记录。要求： （1）绝缘油中不出现 C_2H_2。 （2）无渗漏油。 （3）没有预试不合格项目
4.3	巡检和记录	查看巡检和记录。要求： （1）正常巡视检查每天一次；闭灯巡视应每周不少于一次。 （2）特殊巡视检查：①新安装或大修后投运的设备，运行72h内；②过负荷、带缺陷运行；③恶劣气候时，如异常高、低温季节，高湿度季节
4.4	油浸式互感器	现场查看，查看巡检和记录。要求： （1）设备外观完整无损，各部连接牢固可靠。 （2）外绝缘表面清洁、无裂纹及放电现象。 （3）油色、油位正常，膨胀器正常。 （4）无渗漏油现象。 （5）无异常振动，无异声及异味。 （6）各部位接地良好。 （7）引线端子无过热或出现火花，接头螺栓无松动现象
4.5	SF_6 气体绝缘互感器	现场查看，抽查巡检和记录。要求： （1）压力表、气体密度继电器指示在正常规定范围，无漏气现象。 （2）SF_6 气体年漏气率应小于0.5%。 （3）若压力表偏绿色正常压力区时，应引起注意，并及时按制造厂要求停电补充合格的 SF_6 新气。 （4）一般应停电补气，个别特殊情况需带电补气时，应在厂家指导下进行，控制补气速度约为 0.1MPa/h

续表

序号	评价项目	评价内容与要求
4.6	环氧树脂浇注互感器	现场查看，抽查巡检和记录。要求： （1）无过热。 （2）无异常振动及声响。 （3）外绝缘表面无积灰、粉蚀、开裂，无放电现象
4.7	根据电网发展情况，验算电流互感器动、热稳定电流是否满足要求	查看动、热稳定电流核算报告。要求： （1）按时校验。 （2）校验结果合格
4.8	SF_6 气体密度计校验	查看校验报告。要求： （1）按时检验。 （2）性能符合制造厂的技术条件
5	高压开关设备及 GIS	
5.1	预防性试验	查看预防性试验报告。要求： （1）试验周期符合规程的规定。 （2）项目齐全。 （3）方法正确。 （4）数据准确。 （5）结论明确。 （6）试验使用检定合格仪器仪表。 （7）报告经审核
5.2	设备缺陷	现场查看，查看巡检记录和预试报告。要求不存在以下严重缺陷，包括： （1）导电回路部件温度超过设备允许的最高运行温度。 （2）瓷套或绝缘子严重积污。 （3）断口电容有明显的渗油现象。 （4）液压或气压机构频繁打压。 （5）分、合闸线圈最低动作电压超出标准和规程要求。 （6）SF_6 气体湿度严重超标。 （7）SF_6 气室严重漏气，发出报警信号。 （8）预试不合格
5.3	巡检和记录	查看巡检记录。要求： （1）日常巡检。 （2）定期巡检。 （3）特殊巡检的巡视周期和项目符合规定
5.4	SF_6 断路器	现场查看、检查维护记录。要求： （1）导电回路部件温度低于最高允许温度。 （2）液压或气压机构打压时间符合规定。 （3）分、合闸回路动作电压符合规定。

序号	评价项目	评价内容与要求
5.4	SF$_6$断路器	（4）气动机构自动排污装置工作正常。 （5）弹簧机构操作无卡涩。 （6）操动机构箱应密封良好，防雨、防尘、通风、防潮等性能良好，并保持内部干燥清洁。 （7）接地完好等
5.5	隔离开关	现场查看、抽查检查和维护记录。要求： （1）外绝缘、瓷套表面无严重积污，运行中不应出现放电现象；瓷套、法兰不应出现裂纹、破损或放电烧伤痕迹。 （2）涂覆RTV涂料的瓷外套憎水性良好，涂层不应有缺损、起皮、龟裂。 （3）对隔离开关导电部分、转动部分、操动机构检查与润滑。 （4）操动机构各连接拉杆无变形；轴销无变位、脱落；金属部件无锈蚀。 （5）支持绝缘子无裂痕及放电异声
5.6	真空断路器	现场查看、抽查检查和维护记录。要求： （1）分、合位置指示正确，并与当时实际运行工况相符。 （2）支持绝缘子无裂痕及放电异声。 （3）真空灭弧室无异常。 （4）接地完好。 （5）引线接触部分无过热，引线弛度适中
5.7	GIS	现场查看、查看检查和维护记录。要求： （1）外壳、支架等无锈蚀、损伤，瓷套无开裂、破损或污秽情况。 （2）设备室通风系统运转正常，氧量仪指示大于18%，SF$_6$气体不大于1000μL/L，无异常声音或异味。 （3）气室压力表、油位计的指示在正常范围内，并记录压力值。 （4）套管完好、无裂纹、无损伤、无放电现象。 （5）避雷器在线监测仪指示正确，并记录泄漏电流值和动作次数。 （6）断路器动作计数器指示正确，并记录动作次数等
5.8	SF$_6$气体	查看预防性试验报告、检验报告。要求： （1）SF$_6$气体湿度监测。灭弧室气室含水量应小于300μL/L，其他气室小于500μL/L。 （2）SF$_6$气体泄漏监测。每个隔室的年漏气率不大于1%。 （3）SF$_6$气体密度继电器定期检验
5.9	每年核算最大负荷运行方式下安装地点的短路电流	查看110kV及以上磁柱式断路器每年最大短路电流核算报告。要求：额定短路开断电流应大于最大负荷运行方式下安装地点的短路电流

序号	评价项目	评价内容与要求
5.10	断路器弹簧机构	查看测试记录。要求： （1）应定期进行机械特性试验，测试其行程曲线是否符合厂家标准曲线要求。 （2）对运行 10 年以上的弹簧机构可抽检其弹簧拉力，防止因弹簧疲劳，造成开关动作不正常
5.11	检修过程监督	查看检修文件卡记录。要求： （1）按期检修。 （2）项目齐全。 （3）检修试验合格。 （4）见证点现场签字。 （5）质量三级验收
5.12	在线监测装置及氧量 SF$_6$ 浓度报警装置	查看巡检及数据记录。要求： （1）工作正常。 （2）定期巡检。 （3）定期记录数据及分析
6	设备外绝缘及绝缘子	
6.1	现场污秽度测量	查看测量报告。要求： （1）符合 DL/T 596—2021、GB/T 26218.1—2010 的规定。 （2）检测周期为 1 年。 （3）参考绝缘子串安装正确。 （4）测量污秽度的参数符合现场污秽类型。 （5）试验结果正确。 （6）报告经审核
6.2	设备缺陷	现场查看，查看检查和维护记录。要求不存在以下缺陷： （1）严重积污。 （2）瓷件表面有裂纹或破损。 （3）法兰有裂纹。 （4）防污闪措施受到损坏。 （5）支柱绝缘子基础沉降造成垂直度不满足要求。 （6）预试不合格
6.3	外绝缘爬电比距	查看外绝缘爬电比距台账、地区污秽等级文件、现场污秽度测量记录。要求：爬电比距符合所在地区污秽等级要求，不满足要求的应采取增爬措施
6.4	瓷绝缘清扫周期	查看清扫记录。要求：根据地区污秽程度每年清扫 1 ~ 2 次
6.5	防污闪措施有效性	查看预试报告。要求： （1）复合绝缘子和涂覆 RTV 涂料外绝缘表面的憎水性符合要求。 （2）增爬伞裙胶合良好，不变形、不破损

序号	评价项目	评价内容与要求
7	电力电缆线路	
7.1	运行状况	查阅历史故障记录。要求： （1）未发生基建安装质量缺陷导致的电缆短路故障。 （2）电缆检查维护到位，未发生外力机械原因导致的电缆故障。 （3）电缆终端头安装规范，固定牢靠，相间距离满足标准要求
7.2	预防性试验	查看预防性试验报告。要求： （1）试验周期符合规程的规定。 （2）项目齐全。 （3）方法正确。 （4）数据准确。 （5）结论明确。 （6）试验使用检定合格仪器仪表。 （7）报告经审核
7.3	电缆缺陷	查运行维护记录。要求：不存在以下缺陷： （1）预试不合格。 （2）运行中电缆头放电
7.4	电缆巡检	查看巡检和记录。要求： （1）电缆沟、隧道、电缆井及电缆架等电缆线路每三个月至少巡查一次。 （2）电缆竖井内的电缆，每半年至少巡查一次。 （3）电缆终端头、中间接头由现场根据运行情况每 1～3 年停电检查一次
7.5	电缆检查和维护	现场查看，查看检查和维护记录。要求： （1）电缆夹层、电缆沟、隧道、电缆井及电缆架等电缆线路分段防火和阻燃隔离设施完整，耐火防爆槽盒无开裂、破损。 （2）电缆外皮、中间接头、终端头无变形；温度符合要求；钢铠、金属护套及屏蔽层的接地完好；终端头完整，引出线的接点无发热现象。 （3）电缆槽盒、支架及保护管等金属构件接地完好，接地电阻符合要求；支架无严重腐蚀、变形或断裂脱开；电缆标志牌完整、清晰。 （4）直埋电缆线路的方位标志或标桩是否完整无缺，周围土地温升是否超过 10℃
8	母线	
8.1	预防性试验	查看预防性试验报告。要求： （1）试验周期符合规程的规定。 （2）项目齐全。

序号	评价项目	评价内容与要求
8.1	预防性试验	（3）方法正确。 （4）数据准确。 （5）结论明确。 （6）试验使用检定合格仪器仪表。 （7）报告经审核
8.2	母线缺陷	现场查看、查看巡检记录。要求不存在以下缺陷： （1）封母导体及外壳超温。 （2）变压器与封母连接处积水或积油，未处理。 （3）绝缘管母渗漏油。 （4）预试不合格等
8.3	巡检和维护	现场查看、查看巡检记录。要求： （1）定期监视金属封闭母线导体及外壳，包括外壳抱箍接头连接螺栓及多点接地处的温度和温升。 （2）封闭母线的外壳、母线支持结构的金属部分应可靠接地。 （3）定期开展母线绝缘子检查、清扫工作
9	避雷器及接地装置	
9.1	风机接地	查看防雷检测报告。要求： （1）风机接地电阻不超过 4Ω。 （2）风机接地电阻超过 4Ω 时，应计算风机所在地最大短路电流，并校核接地电阻值
9.2	风机及集电线路防雷	查看风机运行消缺记录、集电线路运行记录。要求： （1）风机不发生雷击导致的二次元器件烧损故障。 （2）不发生雷击导致风机停机故障。 （3）雷击导致集电线路跳闸次数不超过 1 条 / 年
9.3	预防性试验	查看风机防雷接地测试报告、避雷器预试报告。要求： （1）试验周期符合规程的规定。 （2）项目齐全。 （3）方法正确。 （4）数据准确。 （5）结论明确。 （6）试验使用检定合格的仪器仪表。 （7）报告经审核
9.4	设备缺陷	现场查看。要求不存在以下缺陷： （1）伞裙破损、硅橡胶复合绝缘外套的伞裙变形。 （2）瓷绝缘外套、基座、法兰出现裂纹。 （3）绝缘外套表面有放电。 （4）均压环出现歪斜。 （5）预试不合格等

续表

序号	评价项目	评价内容与要求
9.5	巡视维护	现场查看、查看巡视维护记录。要求： （1）110kV 及以上电压等级避雷器应安装交流泄漏电流在线监测表计，每天至少巡视一次，每半月记录一次。 （2）定期开展外绝缘的清扫工作，每年应至少清扫一次。 （3）对于运行 10 年以上的接地网，应抽样开挖检查，确定腐蚀情况，以后开挖检查时间间隔应不大于 5 年。 （4）严禁利用避雷针、变电站构架和带避雷线的杆塔作为低压线、通信线、广播线、电视天线的支柱
9.6	避雷器运行检测	110kV 及以上避雷器每年开展运行电压下阻性电流和功率损耗测试
9.7	校核接地装置的热稳定容量	查看校核报告。要求：每年根据变电站短路容量的变化，校核接地装置（包括设备接地引下线）的热稳定容量，并根据短路容量的变化及接地装置的腐蚀程度对接地装置进行改造。对于变电站中的不接地、经消弧线圈接地、经低阻或高阻接地系统，必须按异点两相接地校核接地装置的热稳定容量
9.8	防止在有效接地系统中出现孤立不接地系统，并产生较高工频过电压的异常运行工况	现场查看。要求：110 ～ 220kV 不接地变压器的中性点过电压保护应采用棒间隙保护方式；对于 110kV 变压器，当中性点绝缘的冲击耐受电压 ≤ 185kV 时，还应在间隙旁并联金属氧化物避雷器，间隙距离及避雷器参数配合应进行校核。间隙动作后，应检查间隙的烧损情况并校核间隙距离

第二节　风力发电场继电保护及安全自动装置监督

一、监督目的、范围、指标要求等

（一）监督目的

通过对继电保护全过程技术监督，确保继电保护装置可靠运行。规划设计阶段，应充分考虑继电保护的适应性，避免出现一次系统特殊接线方式造成继电保护配置及整定难度的增加。配置选型阶段，做到继电保护系统设计符合技术规程、设计规程和"反事故措施"要求，继电保护装置应符合继电保护技术要求和工程要求。安装调试阶段，应严格控制工程质量，保证工程建设与工程设计图相符、调试项目齐全。验收投产阶段，应严把新设备投产验收关，严格履行工程建设资料移交手续。运行维护阶段，应加强继电保护定值整定计算与管理、软件版本管理、日常运行管理和运行分析评价管理；

应严格执行检验规程要求，严格控制检验周期，推行继电保护现场标准化作业，严格履行现场安全措施票，确保现场作业安全。

（二）监督范围

继电保护及安全自动装置技术监督的主要设备包括：

（1）继电保护装置：送出线路、主变压器、主变压器高压侧母线、主变压器低压侧母线、集电线路、风力发电机组、无功补偿装置支路、箱变、柴油发电机等设备。

（2）安全自动装置：自动重合闸、备用电源自动投入装置、安全稳定控制装置、故障录波及测距装置、电力系统同步相量测量装置等。

（3）继电保护通道设备、继电保护相关二次回路及设备。

（4）电力系统时间同步系统。

（5）直流电源系统。

（三）指标要求

（1）继电保护投入率为100%，不允许一次设备无保护运行。

（2）继电保护正确动作率：涉网保护100%正确，其他保护正确动作率不低于95%。

二、全过程监督的要点

（一）设计阶段监督

继电保护设计中，装置选型、装置配置及其二次回路等的设计应符合 GB/T 14285—2006《继电保护和安全自动装置技术规程》、GB/T 14598.301—2020《电力系统连续记录装置技术要求》、GB/T 14598.303—2011《数字式电动机综合保护装置通用技术条件》、GB/T 15145—2017《输电线路保护装置通用技术条件》、DL/T 242—2012《高压并联电抗器保护装置通用技术条件》、DL/T 280—2012《电力系统同步相量测量装置通用技术条件》、DL/T 317—2010《继电保护设备标准化设计规范》、DL/T 478—2013《继电保护和安全自动装置通用技术条件》、DL/T 526—2013《备用电源自动投入装置技术条件》、DL/T 527—2013《继电保护及控制装置电源模块（模件）技术条件》、DL/T 553—2013《电力系统动态记录装置通用技术条件》、DL/T 667—1999《远动设备及系统　第5部分：传输规约　第103篇：继电保护设备信息接口配套标准》、DL/T 670—2010《母线保护装置通用技术条件》、DL/T 671—2010《发电机变压器组保护装置通用技术条件》、DL/T 744—2012《电动机保护装置通用技术条件》、DL/T 770—2012《变压器保护装置通用技术条件》、DL/T 886—2012《750kV电力系统继电保护技术导则》、DL/T 1073—2019《发电厂厂用电源快速切换装置通用技术条件》、DL/T 1309—2013《大型发电机组涉网保护技术规范》、DL/T 5044—2014《电力工程直流电源系统设计技术规程》、DL/T 5136—2012《火力发电厂、变电站二次接线设计技术规程》、NB/T 31026—2022《风电场工程电气设计规范》《电力系统继电保护及安全自动装置反事故措施要点》（电安生〔1994〕191号）和《防止电力生产事故的二十五项重点要求（2023版）》国能发安至〔2023〕22号等相关标准和文件要求。

在系统设计中，除新建部分外，还应包括对原有系统继电保护不符合要求部分的改造方案。

风力发电机保护的设计应符合GB/T 14285—2006、DL/T 317—2010、NB/T 31003《风电场接入电力系统设计技术规范》系列标准、NB/T 31026—2022等相关标准要求。

对升压站主变压器保护的设计，应符合GB/T 14285—2006、DL/T 317—2010、DL/T 478—2013、DL/T 572—2021、DL/T 671—2010、DL/T 684—2012《大型发电机变压器继电保护整定计算导则》和DL/T 770—2012等标准的规定。

母线保护设计应符合GB/T 14285—2006、DL/T 317—2010、DL/T 670—2010及当地电网相关要求。并满足以下重点要求。

送出线路保护配置及设计除应符合GB/T 14285—2006、GB/T 15145—2017、DL/T 317—2010的要求外，还应满足风电场接入系统的要求。110kV及以上电压线路的保护装置，应具有测量故障点距离的功能。故障测距的精度要求对金属性短路误差不大于线路全长的±3%。220kV及以上电压线路的保护装置其振荡闭锁应满足如下要求：系统发生全相或非全相振荡，保护装置不应误动作跳闸；系统在全相或非全相振荡过程中，被保护线路如发生各种类型的不对称故障，保护装置应有选择性地动作跳闸，纵联保护仍应快速动作；系统在全相振荡过程中发生三相故障，故障线路的保护装置应可靠动作跳闸，并允许带短延时。

断路器保护的设计应符合GB/T 14285—2006、DL/T 317—2010等的相关标准要求。集电线路保护的设计应符合GB/T 14285—2006、DL/T 317—2010、NB/T 31003系列标准、NB/T 31026—2022等相关标准的要求。接地变保护的设计应符合GB/T 14285—2006、DL/T 317—2010、NB/T 31003系列标准、NB/T 31026—2022等相关标准的要求。SVG（SVC）无功补偿装置支路保护的设计应符合GB/T 14285—2006、DL/T 317—2010、NB/T 31003系列标准、NB/T 31026—2022等相关标准的要求。站用变压器保护的设计应符合GB/T 14285—2006、DL/T 317—2010、NB/T 31003系列标准、NB/T 31026—2022等相关标准的要求。

容量100MVA及以上的变压器、66kV及以上升压站等应装设故障录波装置。故障录波器设计应满足GB/T 14285—2006、GB/T 14598.301—2011、DL/T 5136—2012相关要求。风电场时间同步系统应符合DL/T 317—2010、DL/T 1100.1—2018《电力系统的时间同步系统 第1部分：技术规范》、DL/T 5136—2012、NB/T 31026—2022的相关规定。风电场应统一配置一套时间同步系统；装机容量100MW及以上的风电场应采用主、备式时间同步系统，宜采用北斗卫星导航系统和全球定位系统各一套，以提高时间同步系统的可靠性。

风电场直流系统应符合GB/T 14285—2006、GB/T 19638.1—2014《固定型阀控式铅

酸蓄电池　第 1 部分：技术条件》、GB/T 19638.2—2014《固定型阀控式铅酸蓄电池　第 2 部分：产品品种和规格》、GB/T 19826—2014《电力工程直流电源设备通用技术条件及安全要求》和 DL/T 5044—2014 等相关标准的规定。继电保护相关回路及设备的设计应符合 GB/T 14285—2006、DL/T 317—2010、DL/T 866—2015《电流互感器和电压互感器选择及计算规程》及 DL/T 5136—2012 等标准的相关要求。继电保护装置与计算机监控、SCADA 监控的配合应符合 GB/T 14285—2006 和 DL/T 5136—2012 等标准的相关要求。

（二）选型阶段监督

继电保护的配置和选型必须满足相关标准和反事故措施的要求。保护装置选型应优先选用原理成熟、技术先进、制造质量可靠并在国内同等或更高的电压等级有成功运行经验的微机继电保护装置。涉网及重要电气主设备的继电保护装置应组织出厂验收。

微机型继电保护装置的新产品，应按国家规定的要求和程序进行检测或鉴定，合格后方可推广使用。检测报告应注明被检测微机型保护装置的软件版本、校验码和程序形成时间。

应选用经电力行业认可的检测机构检测合格的微机型继电保护装置。应优先选用原理成熟、技术先进、制造质量可靠，并在国内同等或更高的电压等级有成功运行经验的微机型继电保护装置。

选择微机型继电保护装置时，应充分考虑技术因素所占的比重。同一厂站内同类型微机型继电保护装置宜选用同一型号，以利于运行人员操作、维护校验和备品备件的管理。要充分考虑制造厂商的技术力量、质保体系和售后服务情况。

继电保护设备订货合同中的技术要求应明确微机型保护软件版本。制造厂商提供的微机型保护装置软件版本及说明书，应与订货合同中的技术要求一致。

（三）安装调试及验收阶段监督

对于基建、更改工程，应以保证设计、调试和验收质量为前提，合理制定工期，严格执行相关技术标准、规程、规定和反事故措施，不得为赶工期减少调试项目，降低调试质量。

验收单位应按照 GB/T 50976—2014《继电保护及二次回路安装及验收规范》和反事故措施的规定制定详细的验收标准和合理的验收计划，确保验收质量。

新安装的继电保护及安全自动装置，应按 GB 50171—2012《电气装置安装工程　盘、柜及二次回路接线施工及验收规范》、GB 50172—2012《电气装置安装工程　蓄电池施工及验收规范》、GB/T 50976—2014、DL/T 995—2016《继电保护和电网安全自动装置检验规程》和 DL/T 5191—2004《风力发电场项目建设工程验收规程》的规定，以设计文件为依据，按定值通知单进行装置定值整定，检验整定完毕，验收合格后方可投入运行。

在基建验收时，应按相关规程要求，应检验线路和主设备的所有保护之间的相互配合关系，对线路纵联保护还应与线路对侧保护进行一一对应的联动试验，并有针对性地检查各套保护与跳闸连接片的唯一对应关系。

　　并网风电场投入运行时，相关继电保护、自动装置和电力专用通信配套设施等应同时投入运行。新建110kV及以上的电气设备参数，应按照有关基建工程验收规程的要求，在投入运行前进行实际测试。新设备投产时应认真编写保护启动方案，做好事故预想，确保设备故障时能被可靠切除。

　　装置投运前，施工单位应按GB 50171—2012、GB 50172—2012、DL/T 995—2016和DL/T 5191—2004等验收规范的规定，与建设单位进行仪器仪表、调试专用工具、备品配件和试验报告等移交工作。微机型继电保护装置投运时，应按DL/T 587—2016《继电保护和安全自动装置运行管理规程》的规定具备整套技术文件。蓄电池施工及验收应符合GB 50172—2012的规定。

（四）运行监督

1. 定值整定计算与管理

　　继电保护短路电流应按照GB/T 15544.1—2023《三相交流系统短路电流计算　第1部分：电流计算》进行计算。发电机变压器保护应按照DL/T 684—2012和DL/T 1309—2013等标准要求进行整定，220～750kV电网继电保护应按照DL/T 559—2018《220kV～750kV电网继电保护装置运行整定规程》等标准要求进行整定，3～110kV电网继电保护应按照DL/T 584—2017《3kV～110kV电网继电保护装置运行整定规程》等标准要求进行整定。定值整定完成后应经公司主管生产领导审核后批准使用。

　　风电场应根据所在电网每年提供的系统阻抗值及时校核继电保护定值，避免保护发生不正确动作行为。

　　继电保护定值整定中，在考虑兼顾"可靠性、选择性、灵敏性、速动性"时，应按照"保人身、保设备及保电网"的原则进行整定。

　　风电场继电保护定值整定中，当灵敏性与选择性难以兼顾时，应首先考虑以保灵敏度为主，防止保护拒动。

　　变压器非电量保护设置中，在对变压器非电量保护进行整定计算时应注意以下原则：国产变压器无特殊要求时，油温、绕组温度过高和压力释放保护出口方式宜设置动作于信号；重瓦斯保护出口方式应设置动作于跳闸；轻瓦斯保护出口方式应设置动作于信号；油浸（自然循环）风冷和干式风冷变压器，风扇停止工作时，允许的负载和工作时间应按照制造厂规定；油浸风冷变压器当冷却系统部分故障停风扇后，顶层油温不超过65℃时允许带额定负载运行，保护应设置动作于信号。

2. 定值通知单管理

　　涉网保护定值通知单的执行：涉网设备的保护定值按网调、省调等继电保护主管部门下发的继电保护定值单执行。运行单位接到定值通知单执行完毕后，应在运行记录簿上写出书面交代，并将定值回执打印、签字、保存。对网、省调下发的继电保护定值单，原件风电场专业工程师保存，给其他部门的定值单可用复印件；定值变更后，由现场运行人员与上级调度人员按调度运行规程的相关规定核对无误后方可投入运行。现场运行人员应在各自的定值回执单上签字和注明执行时间。

现场微机继电保护装置定值的变更，应按定值通知单的要求执行，并依照规定日期完成。定值更改应及时进行定值通知单的变更，变更的定值单必须经批准后执行。新的定值通知单下发到风电场执行完毕后应由执行人员签字确认，注明执行情况及日期并向定值下发单位汇报。远方更改微机继电保护装置定值或操作微机继电保护装置时，应根据现场有关规定进行操作并有保密、监控措施和自动记录功能。

现场保护装置定检后要进行"三核对"，即核对检验报告中的保护定值检验与定值通知单一致；核对设备整定定值与定值通知单一致；核对设备参数整定定值与现场实际相符。现场保护检验工作结束，装置投运前应打印装置定值清单，并与定值通知单逐项核对，确认正确无误后应在定值清单上注明核对日期及核对人姓名，并妥善保管。定值通知单应有计算人、审核人签字并加盖"继电保护专用章"方能有效。在无效的定值通知单上加盖"作废"章。

定值通知单应按年度统一编号，注明所保护设备的简明参数、相应的执行元件或定值设定名称、保护是否投入跳闸、信号等。此外还应注明签发日期、限定执行日期、定值更改原因和作废的定值通知单号等。定值通知单宜一式四份，其中下发部门自存 1 份，档案室存档 1 份，风电场现场及继电保护专业各 1 份。

对定值通知单的控制字宜给出具体数值。风电场应按照本公司《继电保护定值管理制度》规定的复核周期（原则上不超过 3 年），对所辖设备的保护定值定期进行全面复算和校核。

3. 软件版本管理

微机型保护装置的各种保护功能软件（含可编程逻辑）均必须有软件版本号、校验码和程序生成时间等完整软件版本信息（统称软件版本）。加强微机保护装置软件版本管理，未经主管部门认可的软件版本不得投入运行。

在保护装置投入运行前，对微机型保护软件版本进行核对，核对结果备案，需报当地电网的还需将核对结果报调度部门。同一线路两侧的微机型线路保护软件版本应保持一致。微机型保护软件变动较大时，应要求制造厂进行检测，检测合格而且经进行现场试验验证后方可投入运行。对于涉网的微机型保护软件升级，由装置制造厂家向相应调度提出书面申请，经调度审批后方可进行保护软件升级。

运行或即将投入运行的微机型继电保护装置的内部逻辑不得随意更改。未经主管生产领导同意，不得进行继电保护装置软件升级工作。认真做好微机型保护装置等设备软件版本的管理工作，特别注重计算机安全问题，防止因各类计算机病毒危及设备而造成保护装置不正确动作和误整定、误试验等事件的发生。风电场应设置专人负责微机型保护的软件档案管理工作，软件档案应包括保护型号、制造厂家、保护说明书、软件版本、保护装置密码、保护厂家的软件升级申请等，需登记在册，每年进行一次监督检查。

4. 巡视检查

记录保护运行现场的环境温度，要求环境温度在 5～30℃之间。装置外部设备检查运行指示灯、显示屏无异常，检查定值区号与实际运行情况相符。装置内部设备检查：各功能开关、方式开关、压板投退符合运行状况。绝缘状况及防尘：直流检测装置无报警、保护装置运行指示正常、端子排无放电现象，装置无积尘。通信状况：GPS 对时，与监控后台、保护信息子站的通信正常，数据传输正确。装置动作情况：装置有无启动记录及异常动作记录，及时分析记录内容，发现设备隐患及时处理。

每天巡视时应核对微机型继电保护装置及自动装置的时钟。定期核查微机型继电保护装置和故障录波装置的各相交流电流、各相交流电压、零序电流（电压）、差电流、外部开关量变位和时钟，并做好记录，核查周期不应超过一个月。检查和分析每套保护在运行中反映出来的各类不平衡分量。微机型差动保护应能在差流越限时发出告警信号，应建立定期检查和记录差流的制度，从中找出薄弱环节和事故隐患，及时采取有效对策。

结合技术监督评价、检修和运行维护工作，检查本单位继电保护接地系统和抗干扰措施是否处于良好状态。对直流系统进行的运行与定期维护工作，应符合 DL/T 724—2021 相关要求。应利用年度检修机会对充电、浮充电装置进行全面检查，校验其稳压、稳流精度和纹波系数，不符合要求的应及时对其进行调整。

浮充电运行的蓄电池组，除制造厂有特殊规定外，应采用恒压方式进行浮充电。浮充电时，严格控制单体电池的浮充电压上、下限，防止蓄电池因充电电压过高或过低而损坏，若充电电流接近或为零时应重点检查是否存在开路的蓄电池；浮充电运行的蓄电池组，应严格控制所在蓄电池室环境温度不能长期超过 30℃，防止因环境温度过高使蓄电池容量严重下降，运行寿命缩短。运行资料应由专人管理，并保持齐全、准确。

5. 保护装置操作

对运行中的保护装置的外部接线进行改动，应履行如下程序：先在原图上做好修改，经主管技术领导批准；按图施工，不允许凭记忆工作；拆动二次回路时应逐一做好记录，恢复时严格核对；改完后，应做相应的逻辑回路整组试验，确认回路、极性及整定值完全正确，然后交由值班运行人员确认后再申请投入运行；完成工作后，应立即通知现场与主管继电保护部门修改图纸，工作负责人在现场修改图上签字，没有修改的原图应作废。

在下列情况下应停用整套微机型继电保护装置：微机型继电保护装置使用的交流电压、交流电流、开关量输入、开关量输出回路作业；装置内部作业；继电保护人员输入定值影响装置运行时。微机型继电保护装置在运行中需要切换已固化好的成套定值时，由现场运行人员按规定的方法改变定值，此时不必停用微机型继电保护装置，但应立即显示（打印）新定值，并与主管调度核对定值单。

带纵联保护的微机型线路保护装置如需停用直流电源，应在两侧纵联保护停用后，才允许停直流电源。对重要风电场配置单套母线差动保护的母线应尽量减少母线无差动保护时的运行时间。严禁无母线差动保护时进行母线及相关元件的倒闸操作。远方更改微机型继电保护装置定值或操作微机型继电保护装置时，应根据现场有关运行规定进行操作，并有保密、监控措施和自动记录功能。同时还应注意防止干扰经由微机型保护的通信接口侵入，导致继电保护装置的不正确动作。

运行中的微机型继电保护装置和继电保护信息管理系统电源恢复后，若不能保证时钟准确，运行人员应校对时钟。运行中的装置做改进时，应有书面改进方案，按管辖范围经继电保护主管部门批准后方允许进行。改进后应做相应的试验，及时修改图样资料并做好记录。

现场运行人员应保证打印报告的连续性，严禁乱撕、乱放打印纸，妥善保管打印报告，并及时移交继电保护人员。无打印操作时，应将打印机防尘盖盖好，并推入盘内。现场运行人员应每月检查打印纸是否充足、字迹是否清晰，负责加装打印纸及更换打印机色带。防止直流系统误操作：改变直流系统运行方式的各项操作应严格执行现场规程规定；直流母线在正常运行和改变运行方式的操作中，严禁脱开蓄电池组；充电、浮充电装置在检修结束恢复运行时，应先合交流侧开关，再带直流负荷。

6. 保护装置事故处理

继电保护及安全自动装置出现异常、告警、跳闸后，运行值班人员应准确完整记录运行工况、保护动作信号、报警信号等，打印有关保护装置及故障录波器动作报告，根据该装置的现场运行规程进行处理，并立即向主管领导汇报，及时通知继电保护专业人员。未打印出故障报告之前，现场人员不得自行进行装置试验。

继电保护专业人员应及时收集继电保护装置录波数据、启动保护和动作报告，并根据事故影响范围收集同一时段全厂相关故障录波器的录波数据，核对保护及自动装置的动作情况及动作报告、故障时的运行方式、一次设备的故障情况，对保护装置的动作行为进行初步分析。

保护装置发生不正确动作事件后，继电保护专业人员应会同安监、风电场等有关人员，根据事故情况，有目的地拟定具体检验项目及检验顺序，尽快进行事故后检验。对复杂保护的不正确动作，可联系相关技术服务单位、装置制造厂家等参与检查、分析。

事故后检验工作结束，继电保护专业人员应根据检验结果，及时分析不正确动作原因，在3天内形成分析报告，并归档动作信息资料，动作信息资料清单及要求见表3-12。对于暂时原因不明的不正确动作现象，应根据检验情况及分析结果，拟订方案，以备再次进行现场检查，直至查明不正确动作的真实原因。当不得已将装置的不正确动作定为"原因不明"时，必须采取慎重态度，经本单位主管生产领导批准，并采取相应的措施或制订防止再次误动的方案。

表 3–12　　　　　　　　　　继电保护及安全自动装置动作信息归档清单及要求

序号	归档清单	格式要求		时间要求
		文档类型	文档要求	
1	保护设备打印的动作（故障）报告	扫描的 pdf 文件或 jpg 文件	扫描颜色宜选用灰度或黑白	跳闸后 3h 内
		数码照片 jpg 文件	数码照片的取景实物范围应不超过 A4 纸大小，画面的故障（动作）报告应平整、清晰	
2	保护及录波器的故障录波文件	录波原始文件	具备离线分析软件	跳闸后 3h 内
3	一、二次设备检查情况	一、二次设备故障现场的数码照片 jpg	照片应能清晰分辨故障位置及设备损坏情况，继电保护动作情况，相关保护装置及二次回路图，并附上相应说明	场内故障查明后 2h 内（继保人员）
4	保护动作分析报告	Word 文档	保护动作后，应编写保护动作分析报告，并提供系统接线方式和相应录波分析图，叙述保护动作情况；保护动作评价。若保护属不正确动作，则必须分析原因	初步分析报告 24h 内，正式报告通常应在事故原因查清后 1 个工作日内

继电保护及安全自动装置异常、故障、动作分析报告应包括以下内容：故障及继电保护及安全自动装置动作情况简述；动作的继电保护及安全自动装置型号、生产厂家、投运年限、定检情况；系统运行方式；故障过程中继电保护及安全自动装置动作的详细分析；继电保护及安全自动装置动作行为评价，对装置的评估；附装置动作报告、故障录波图的扫描图。

微机型继电保护装置插件出现异常时，继电保护人员应用备用插件更换异常插件，更换备用插件后应对整套保护装置进行必要的检验。

新投运或电流、电压回路发生变更的 220kV 电压等级及以上电气设备，在第一次经历区外故障后，应通过打印保护装置和故障录波器报告的方式校核保护交流采样值、收发信开关量、功率方向以及差动保护差流值的正确性。

7. 保护装置分析评价

继电保护部门应按照 DL/T 623—2010《电力系统继电保护及安全自动装置运行评价规程》对所管辖的各类（型）继电保护及安全自动装置的动作情况进行统计分析，并对装置本身进行评价。对于 1 个事件，继电保护正确动作率评价以继电保护装置内含的保护功能为单位进行评价。对不正确的动作应分析原因，提出改进对策，并及时报主管部门。对于微机型继电保护装置投入运行后发生的第一次区内、外故障，继电保护人员应通过分析微机型继电保护装置的实际测量值来确认交流电压、交流电流回路和相关动作逻辑是否正常。既要分析相位，也要分析幅值。35kV 及以上设备继电保护动作后，应在规定时间、周期内向上级部门报送管辖设备运行情况和统计分析报表。

事故发生后应在规定时间内上报继电保护和故障录波器报告，并在事故后三天内及时填报相应动作评价信息。继电保护动作统计报表内容包括：保护动作时间，保护安装地点，故障及保护装置动作情况简述，被保护设备名称，保护型号及生产厂家，装置动作评价，不正确动作责任分析，故障录波器录波次数等。继电保护动作评价：除了继电保护动作统计报表内容外，还应包括保护装置动作评价及其次数，保护装置不正确动作原因等。保护动作波形应包括：继电保护装置上打印的波形，故障录波器打印波形并下载的 COMTRADE 格式数据文件。

8. 保护装置备品配件管理

应加强变压器主保护、母线差动保护、断路器失灵保护、线路快速保护等重要保护的运行维护，重视快速主保护的备品配件管理和消缺工作。应将备品配件的配备，以及母线差动等快速主保护因缺陷超时停役纳入本厂的技术监督的工作考核之中。应储备必要的备用插件，备用插件宜与微机型继电保护装置同时采购。备用插件应视同运行设备，保证其可用性。储存有集成电路芯片的备用插件，应有防止静电措施。

（五）检验监督

1. 通用要求

继电保护装置检验，应认真执行 DL/T 995—2016 及有关微机继电保护装置检验规程、反事故措施和现场工作保安规定。保护装置检验工作，应编制继电保护标准化作业指导书及实施方案，其内容应符合 DL/T 995—2016 的要求，不应为赶工期减少检验项目和简化安全措施。微机型保护装置的检验，应充分利用其自检功能，着重检验自检功能无法检测的项目。校验用仪器、仪表的准确级及技术特性应符合 DL/T 624—2023《继电保护微机型试验装置技术条件》要求，并应定期校验，防止因试验仪器仪表存在问题而造成继电保护误整定、误试验。

2. 定期检验的周期与内容

（1）检验周期。新安装保护装置投运后一年内应进行第一次全部校验，在装置第二次全部检验后，若发现装置运行情况较差或已暴露出了应予以监督的缺陷，可考虑适当缩短部分检验周期，并有目的、有重点地选择检验项目；微机型保护装置及保护专用光纤通道、复用光纤或微波连接通道每 6 年 1 次。部分校验微机型保护装置及保护专用光纤通道、复用光纤或微波连接通道每 3 年 1 次。

（2）检验内容。按照 DL/T 995—2016 规定的校验项目及校验方法执行。

三、技术监督评价细则

继电保护及安全自动装置技术监督评价细则见表 3-13。

表 3-13　　　　　　继电保护及安全自动装置技术监督评价细则

序号	评价项目	评价内容与要求
1	工程设计、选型阶段	
1.1	保护运行环境要求	
1.1.1	继电保护室	继电保护室环境条件应满足继电保护装置和控制装置的安全可靠要求。应考虑空调、必要的采暖和通风条件以满足设备运行的要求。要有良好的电磁屏蔽措施。同时应有良好的防尘、防潮、照明、防火、防小动物措施
1.1.2	配电柜室	对于安装在断路器柜中 10～66kV 微机型继电保护装置，要求环境温度在 -5～45℃ 范围内，最大相对湿度不应超过 95%。微机型继电保护装置室内最大相对湿度不应超过 75%，应防止灰尘和不良气体侵入。微机型继电保护装置室内环境温度应在 5～30℃ 范围内，若超过此范围应装设空调
1.2	继电保护双重化配置	
1.2.1	重要电气设备的继电保护双重化配置	220kV 及以上电压等级母线保护、线路保护、变压器保护等应按双重化配置。关于双重化配置，在保护装置选型过程中，为防止保护装置家族性缺陷，建议选择不同生产厂家的产品
1.2.2	继电保护双重化配置的基本要求	双重化配置的继电保护应满足以下基本要求： （1）两套保护装置的交流电流应分别取自电流互感器互相独立的绕组；交流电压宜分别取自电压互感器互相独立的绕组。其保护范围应交叉重叠，避免死区。 （2）两套保护装置的直流电源应取自不同蓄电池组供电的直流母线段。 （3）两套保护装置的跳闸回路应与断路器的两个跳闸线圈分别一一对应。 （4）两套保护装置与其他保护、设备配合的回路应遵循相互独立的原则。 （5）每套完整、独立的保护装置应能处理可能发生的所有类型的故障。两套保护之间不应有任何电气联系，当一套保护退出时不应影响另一套保护的运行。 （6）线路纵联保护的通道（含光纤、微波、载波等通道及加工设备和供电电源等）、远方跳闸及就地判别装置应遵循相互独立的原则按双重化配置。

| 风力发电场技术监督培训教材

续表

序号	评价项目	评价内容与要求
1.2.2	继电保护双重化配置的基本要求	（7）有关断路器的选型应与保护双重化配置相适应，应具备双跳闸线圈机构。 （8）采用双重化配置的两套保护装置宜安装在各自保护柜内，并应充分考虑运行和检修时的安全性
1.3	风电机组保护	
1.3.1	风电机组保护设计与选型	风电机组保护的设计应符合 GB/T 14285—2006、DL/T 317—2010、NB/T 31003 系列标准、NB/T 31026—2022 等相关标准的要求
1.3.2	发电机绕组故障保护	风电机组应配置过电流保护、不平衡保护、过负荷保护、温度保护、超速保护、电缆非正常缠绕保护、振动超限保护等。其中：过电流保护、不平衡保护、温度过高保护、超速保护、振动超限保护动作于停机；过负荷保护、温度高保护、电缆非正常缠绕保护等动作于信号
1.3.3	电网故障保护	风电机组应配置电网过电压、低电压、频率过高、频率过低保护等
1.4	线路保护、过电压及远方跳闸保护、断路器保护	
1.4.1	线路保护及辅助装置设计与选型	线路保护及辅助装置设计应符合 GB/T 14285—2006、GB/T 15145—2017 以及以下要求： （1）110kV 及以上电压等级线路保护是否符合 GB/T 14285—2006 要求。配置一套主保护的设备，是否采用主保护与后备保护相互独立的装置。 （2）220kV 及以上电压等级的微机型线路保护是否遵循相互独立的原则按双重化配置
1.4.2	过电压及远方跳闸保护、断路器保护配置	应符合 DL/T 317—2010 的配置原则和技术原则
1.4.3	双母线接线线路保护、重合闸功能配置	应符合 DL/T 317—2010 的配置原则和技术原则
1.4.4	双母线接线重合闸、失灵启动的要求	双母线接线每一套线路保护均应含重合闸功能，不采用两套重合闸相互启动和相互闭锁方式；对于含有重合闸功能的线路保护装置，设置"停用重合闸"压板；线路保护应提供直接启动失灵保护的分相跳闸触点，启动微机型母线保护装置中的断路器失灵保护；双母线接线的断路器失灵保护应采用母线保护中的失灵电流判别功能

序号	评价项目	评价内容与要求
1.4.5	保护装置对时接口	保护装置应具备使用 RS-485 串行数据通信接口接收 GPS 发出的 IRIG-B（DC）时码的对时接口
1.4.6	保护装置压板标色	保护跳闸出口压板及与失灵回路相关压板采用红色，功能压板采用黄色，压板底座及其他压板采用浅驼色；标签应设置在压板下方
1.5	母线和母联（分段）保护及辅助装置	
1.5.1	母线和母联（分段）保护及辅助装置保护设计与选型	母线和母联（分段）保护及辅助装置、高压并联电抗器保护设计应符合 GB/T 14285—2006、DL/T 670—2010、DL/T 242—2012 等的要求
1.5.2	双母线接线母线保护配置	应符合 DL/T 317—2010 的配置原则和技术原则
1.5.3	母联（分段）保护及辅助装置配置	应符合 DL/T 317—2010 的配置原则和技术原则
1.5.4	保护装置对时接口	保护装置应具备使用 RS-485 串行数据通信接口接收 GPS 发出的 IRIG-B（DC）时码的对时接口
1.5.5	保护装置压板标色	保护跳闸出口压板及与失灵回路相关压板采用红色，功能压板采用黄色，压板底座及其他压板采用浅驼色；标签应设置在压板下方
1.6	主变压器保护	
1.6.1	主变压器保护设计与选型	风电场主变压器保护的设计，应符合 GB/T 14285—2006、DL/T 317—2010、DL/T 478—2013、DL/T 572—2021、DL/T 671—2010、DL/T 684—2012 和 DL/T 770—2012 等标准的规定。
1.6.2	双重化配置要求	220kV 及以上电压等级变压器微机保护是否按双重化配置；是否充分考虑电流互感器二次绕组合理分配，以防保护动作死区
1.6.3	主变压器保护配置	对变压器下列故障及异常运行状态，应装设相应的保护： （1）绕组及其引出线的相间短路和中性点直接接地或经小电阻接地侧的接地短路。 （2）绕组的匝间短路。 （3）外部相间短路引起的过电流。 （4）中性点直接接地或经小电阻接地电力网中外部接地短路引起的过电流及中性点过电压。 （5）过负荷。

序号	评价项目	评价内容与要求
1.6.3	主变压器保护配置	（6）中性点非有效接地侧的单相接地故障。 （7）油面降低。 （8）变压器油温、绕组温度过高及油箱压力过高和冷却系统故障。 （9）其他故障和异常运行
1.6.4	对主变压器低压侧经低电阻接地时的保护配置要求	升压站主变压器保护除按 GB/T 14285—2006 配置保护外，是否（宜）在主变压器低压侧配置两段式电流保护，零序电流保护一段作为主变压器低压侧及其低压侧母线的单相接地故障保护。零序电流保护二段与主变压器低压侧母线上所连接的设备零序电流保护二段配合。为选择性的要求，零序电流保护可带方向，方向可只指向主变压器低压侧母线。保护动作第一时限断开主变压器低压侧断路器，第二时限断开主变压器各侧断路器
1.6.5	主设备非电量保护配置要求	主设备非电量保护是否防水、防油渗漏、密封性好。气体继电器至保护柜的电缆是否少有中间转接环节，若有转接柜则要做好防水、防尘及防小动物等防护措施。重瓦斯保护两对接点是否并联引出
1.7	集电线路保护	
1.7.1	集电线路保护设计与选型	集电线路保护的设计应符合 GB/T 14285—2006、DL/T 317—2010、NB/T 31003 系列标准、NB/T 31026—2022 等相关标准的要求
1.7.2	集电线路保护配置	风电场集电线路对相间短路及单相接地短路应按以下规定装设相应保护： （1）保护采用远后备方式，应由主变压器后备保护作集电线路的远后备。 （2）宜装设过负荷保护，保护宜带时限动作于信号，必要时可动作于跳闸。 （3）对相间短路，应装设带方向或不带方向的电流速断保护和过电流保护，必要时，保护可增设复合电压闭锁元件。如不满足选择性、灵敏性和速动性的要求，宜采用距离保护。保护动作于跳闸，切除故障线路。 （4）对小电流接地系统的单相接地故障，宜利用小电流接地选线装置或零序电流保护快速切除故障。对经低电阻接地系统的单相接地故障，装设两段零序电流保护快速切除故障，第一段为零序电流速断保护，时限宜与相间速断保护相同；第二段为零序过电流保护，时限宜与相间过电流保护相同。若零序实现速断保护不能保证选择性需要时，也可以配置两套零序过电流保护。保护动作于跳闸，切除故障线路

序号	评价项目	评价内容与要求
1.8	SVG（SVC）无功补偿装置支路保护	
1.8.1	SVG（SVC）无功补偿装置支路保护设计与选型	SVG（SVC）无功补偿装置支路保护的设计应符合 GB/T 14285—2006、DL/T 317—2010、NB/T 31003 系列标准、NB/T 31026—2022 等相关标准的要求
1.8.2	SVG 变压器保护配置	（1）电压在 10kV 及以上、容量在 10MVA 及以上的变压器，应采用纵差保护作为主保护。对于电压为 10kV 的变压器，当电流速断保护灵敏度不符合要求时也可采用纵差保护。 （2）容量在 0.8MVA 及以上油浸式变压器，应装设瓦斯保护。 （3）在电流回路断线时应发出断线信号，电流回路断线允许差动保护动作跳闸
1.8.3	SVG 电源支路保护配置	（1）无功补偿装置支路保护应按 GB/T 14285—2006 要求配置主保护及相间后备保护。 （2）对单相接地故障应配置快速切除保护，保护动作于跳闸，切除故障支路
1.9	接地变压器保护	
1.9.1	接地变压器保护设计与选型	接地变保护的设计应符合 GB/T 14285—2006、DL/T 317—2010、NB/T 31003—2022、NB/T 31026—2022 等相关标准的要求
1.9.2	接地变压器绕组相间故障保护	应按 GB/T 14285—2006 要求配置主保护及相间后备保护
1.9.3	系统单相接地故障后备保护	对于低电阻接地系统的接地变压器，还应配置零序电流保护，零序电流保护的动作不应使运行设备失去接地点，零序电流保护宜与集电线路零序电流保护配合
1.9.4	零序保护电流宜取自中性点 TA	对于接地变经小电阻接地方式，零序电流宜取自电阻柜零序 TA 二次绕组
1.9.5	接地变压器保护动作方式	（1）当接地变压器不经断路器直接接于主变低压侧时，第一时限断开主变低压侧断路器，第二时限断开主变各侧断路器。 （2）当接地变压器接于低压侧母线上，动作于断开接地变压器断路器及主变低压侧断路器
1.10	故障录波装置	

续表

序号	评价项目	评价内容与要求
1.10.1	故障录波装置的配置	容量 100MVA 及以上的变压器、110kV 及以上升压站等应装设专用故障录波装置；风电场 66kV 及以上配电装置按电压等级配置故障录波装置
1.10.2	故障录波装置的功能和技术性能	故障录波器设计应满足 GB/T 14285—2006、GB/T 14598.301—2020、DL/T 5136—2012 相关要求；是否（宜）增加频率越限启动暂态记录，当频率大于 50.2 Hz 或小于 49.5Hz 时启动，当频率变化率大于 0.2Hz/s 时启动；故障录波装置的启动判据应至少包括电压越限和电压突变量，记录升压站内设备在故障前 200ms 至故障后 6s 的电气量数据
1.10.3	模拟量及开关量接入要求	模拟量及开关量接入是否满足以下要求： （1）10kV 及以上母线电压、线路电压等。 （2）10kV 及以上送出线路、主变压器各侧、主变压器中性点（间隙）、集电线路、接地变压器、接地变压器中性点、站用变、无功补偿支路及母联、分段等联络断路器电流等。 （3）10kV 及以上母线、主变、送出线路、集电线路、无功补偿装置、接地变、站用变保护动作信号。 （4）主变各侧、送出线路、集电线路、无功补偿装置支路、接地变支路、站用变支路断路器分闸位置接点
1.10.4	故障录波装置离线分析软件	故障录波装置应配置能运行于常用操作系统下的离线分析软件，可对装置记录的连续录波数据进行离线的综合分析
1.10.5	故障录波装置对时接口	故障录波器应具有接受外部时钟同步对时信号的接口，与外部标准时钟同步后，装置的时间同步准确度要求优于 1ms，可使用的时间同步信号为 IRIG-B（DC）或 1PPS/1PPM+ 串口对时报文，推荐使用 RS-485 串行数据通信接口接受 GPS 发出的 IRIG-B（DC）时码
1.11	安全自动装置	风力发电场安全自动装置是否按本工程接入系统的要求配置风电智能运行控制系统、同步相量采集及处理装置、安全稳定控制装置（包括风力发电场有功功率控制）等装置。装置的设计与配置应满足相关标准的要求
	场站安全稳定控制装置、同步相量测量装置、备用电源自动投入装置等	
1.12	时间同步系统	
1.12.1	风电场时间同步系统设计	风电场应统一配置一套时间同步系统；时间同步系统主时钟可设在继电保护小室，也可设在通信电子设备间内

续表

序号	评价项目	评价内容与要求
1.12.2	时间同步系统配置及功能要求	装机容量100MW及以上的风电场及有条件的场合宜采用主备式时间同步系统，以提高时间同步系统的可靠性；主备式时间同步系统如采用两路无线授时基准信号，宜选用不同的授时源，如同时采用北斗卫星导航系统和全球定位系统；时间同步系统应符合 DL/T 5136—2012、DL/T 1100.1—2018 的要求
1.13	继电保护及故障信息管理系统子站	
1.13.1	继电保护及故障信息管理系统子站设计	新建风电场及扩建工程新建部分宜配置继电保护及故障信息管理系统子站
1.13.2	继电保护及故障信息管理子站配置要求	继电保护及故障信息管理子站应配置足够的接口并能适应各种类型的微机装置接口，适应不同保护及录波器厂家的各个版本的通信规约，用于采集系统保护、元件保护、故障录波器信息；子站系统宜配置子站工作站，子站工作站的运行应独立于子站主机
1.14	直流电源系统	
1.14.1	直流系统装置设计与选型	风电场直流系统应符合 GB/T 14285—2006、GB/T 19638.1—2014、GB/T 19638.2—2014、GB/T 19826—2014 和 DL/T 5044—2014 等相关规定
1.14.2	风电场直流系统蓄电池组配置	220kV及以上电压等级风电场及重要的110kV升压站，应设置2组蓄电池组对控制负荷和动力负荷供电，其他情况的风电场可装设1组蓄电池
1.14.3	直流系统充电装置配置	1组蓄电池采用高频开关充电装置时，宜配置1套充电装置，也可配置2套充电装置；2组蓄电池采用高频开关充电装置时，应配置2套充电装置，也可配置3套充电装置
1.14.4	直流系统供电网络	风电场直流系统的馈出网络应采用辐射状供电方式，严禁采用环状供电方式；直流系统对负载供电，应按电压等级设置分电屏供电方式，不应采用直流小母线供电方式
1.14.5	直流系统断路器配置	新建、扩建或改造的风电场直流系统用断路器应采用具有自动脱扣功能的直流断路器，严禁使用普通交流断路器；除蓄电池组出口总熔断器以外，应逐步将现有运行的熔断器更换为直流专用断路器
1.14.6	直流系统熔断器、断路器级差配合	蓄电池组出口总熔断器与直流断路器以及直流断路器上、下级的级差配合应合理，满足选择性要求

续表

序号	评价项目	评价内容与要求
1.14.7	直流系统电缆	直流系统的电缆应采用阻燃电缆
1.14.8	直流系统绝缘监测装置	新建或改造的风电场直流系统绝缘监测装置应具备交流窜直流故障的测记和报警功能。原有的直流系统绝缘监测装置，应逐步进行改造，使其具备交流窜直流故障的测记和报警功能
1.14.9	交流不间断电源系统配置	交流不间断电源系统宜选用电力专用的交流不间断电源装置，装置容量应根据风电场最终规模的负荷确定，并预留一定的余量。如果交流不间断电源采用自带蓄电池方式时，蓄电池宜按照持续带电时间不小于 4h 设计
1.15	相关回路及设备	
1.15.1	保护用电流互感器、电压互感器的配置、选择	保护用电流互感器、电压互感器的配置、选择应符合 DL/T 866—2015 的要求
1.15.2	电流互感器、电压互感器的安全接地设计	电流互感器、电压互感器的安全接地设计应符合 GB/T 14285—2006 及相关继电保护反事故措施要求
1.15.3	继电保护等电位接地网设计	应有继电保护等电位接地网的设计图纸，等电位接地网设计应符合 GB/T 14285—2006 及相关继电保护反事故措施要求
2	安装、调试、验收阶段	
2.1	继电保护及安全自动装置	
2.1.1	线路纵联距离（方向）保护、纵联电流差动保护新安装检验	新安装检验项目应符合 DL/T 995—2016 的要求
2.1.2	断路器保护新安装检验	新安装检验项目应符合 DL/T 995—2016 的要求
2.1.3	过电压及远方跳闸保护新安装检验	新安装检验项目应符合 DL/T 995—2016 的要求
2.1.4	母线保护新安装检验	新安装检验项目应符合 DL/T 995—2016 的要求
2.1.5	母联（分段）保护新安装检验	新安装检验项目应符合 DL/T 995—2016 的要求
2.1.6	变压器保护新安装检验	新安装检验项目应符合 DL/T 995—2016 的要求
2.1.7	集电线路保护新安装检验	新安装检验项目应符合 DL/T 995—2016 的要求
2.1.8	无功补偿支路保护新安装检验	新安装检验项目应符合 DL/T 995—2016 的要求

续表

序号	评价项目	评价内容与要求
2.1.9	接地变压器保护新安装检验	新安装检验项目应符合 DL/T 995—2016 的要求
2.1.10	站用变压器保护新安装检验	新安装检验项目应符合 DL/T 995—2016 的要求
2.1.11	故障录波器以及备用电源自投装置、同步相量测量装置、安全稳定控制装置等自动装置新安装检验	新安装检验项目应符合 DL/T 995—2016 的要求
2.2	直流电源系统	
2.2.1	蓄电池电缆铺设要求	直流系统两组蓄电池的电缆应分别铺设在各自独立的通道内，尽量避免与交流电缆并排铺设，在穿越电缆竖井时，两组蓄电池电缆应加穿金属套管
2.2.2	蓄电池室要求	蓄电池室应采用防爆型灯具、通风电动机，室内照明线应采用穿管暗敷，室内不得装设开关和插座；蓄电池组的每个蓄电池应在外表面用耐酸材料标明编号；蓄电池室内的窗玻璃应采用毛玻璃或涂以半透明油漆的玻璃，阳光不应直射室内；蓄电池室的门应向外开启
2.2.3	新安装蓄电池组容量测试	新安装的阀控蓄电池完全充电后开路静置24h，分别测量和记录每只蓄电池的开路电压，开路电压最高值和最低值的差值不得超过 20mV（标称电压 2V）、50mV（标称电压 6V）、100mV（标称电压 12V）；蓄电池 10h 率容量测试第一次循环不应低于 $0.95C_{10}$，在第三次循环内应达到 $1.0C_{10}$
2.2.4	高频开关电源充电装置稳压精度、稳流精度及纹波系数测试	高频开关电源模块型充电装置在验收时当交流输入电压为（85%～115%）额定值及规定的范围内，稳压精度、稳流精度及纹波系数不应超过：稳压精度 ±0.5%、稳流精度 ±1%、纹波有效值系数 0.5%、纹波峰值系数 1%
2.2.5	直流系统监控装置充电运行过程特性试验	直流系统监控装置在验收时应进行充电运行过程特性试验，包括充电程序试验、长期运行程序试验、交流中断程序试验
2.3	电流互感器	

续表

序号	评价项目	评价内容与要求
2.3.1	P类、TP类保护用电流互感器现场励磁特性试验	P类、TP类保护用电流互感器应进行现场励磁特性试验（P类电流互感器包括励磁特性曲线测量、二次绕组电阻测量、额定拐点电动势测量、复合误差测量等测试项目；TP类电流互感器包括励磁特性曲线测量、二次绕组电阻测量、额定拐点电动势测量、额定暂态面积系数测量、峰值瞬时误差测量、二次时间常数测量、剩磁系数测量等测试项目）及二次回路阻抗测量
2.3.2	P类、TP类保护用电流互感器误差特性校核	P类、TP类保护用电流互感器应参照DL/T 866—2015的算例进行误差特性校核
2.3.3	电流互感器接线极性检测	应检测全场电流互感器（包括保护、测量、计量用电流互感器）接线极性，绘制全场电流互感器极性图
2.4	盘、柜装置及二次回路	
2.4.1	盘、柜进出电缆防火封堵	安装调试完毕后，在电缆进出盘、柜的底部或顶部以及电缆管口处应进行防火封堵，封堵应严密
2.4.2	盘、柜二次回路接线	每个接线端子的每侧接线宜为1根，不得超过2根；对于插接式端子，不同截面的两根导线不得接在同一端子中
2.4.3	盘、柜接地	盘、柜上装置的接地端子连接线、电缆铠装及屏蔽接地线应用黄绿绝缘多股接地铜导线与接地铜排相连
2.5	TV、TA二次回路接地点设置	
2.5.1	升压站母线及线路电压互感器二次回路一点接地	检查升压站母线及线路电压互感器二次回路的具体一点接地位置，是否满足：公用电压互感器的二次回路只允许在控制室内有一点接地，已在控制室内一点接地的电压互感器二次绕组宜在开关场将二次绕组中性点经氧化锌阀片接地
2.5.2	升压站及配电室电流互感器二次回路一点接地	检查升压站及配电室电流互感器二次回路的具体一点接地位置，是否满足：公用电流互感器二次绕组二次回路只允许且必须在相关保护柜屏内一点接地，独立的、与其他电流互感器的二次回路没有电气联系的二次回路应在开关场一点接地
2.6	等电位接地网的实际敷设	

续表

序号	评价项目	评价内容与要求
2.6.1	静态保护和控制装置接地铜排	静态保护和控制装置的屏柜下部应设有截面积不小于 $100mm^2$ 的接地铜排。屏柜上装置的接地端子应用截面积不小于 $4mm^2$ 的多股铜线和接地铜排相连。接地铜排应用截面积不小于 $50mm^2$ 的铜缆与保护室内的等电位接地网相连
2.6.2	保护室内的等电位接地网	在主控室、保护室柜屏下层的电缆室（或电缆沟道）内，按柜屏布置的方向敷设 $100mm^2$ 的专用铜排（缆），将该专用铜排（缆）首末端连接，形成保护室内的等电位接地网。保护室内的等电位接地网与场站的主接地网只能存在唯一连接点，连接点位置宜选择在电缆竖井处。为保证连接可靠，连接线必须用至少 4 根以上、截面积不小于 $50mm^2$ 的铜缆（排）构成共点接地
2.6.3	沿二次电缆沟道的铜排（缆）敷设	沿二次电缆的沟道敷设截面积不小于 $100mm^2$ 的铜排（缆），并在保护室（控制室）及开关场的就地端子箱处与主接地网紧密连接，保护室（控制室）的连接点宜设在室内等电位接地网与场站主接地网连接处
2.6.4	变压器、开关场等就地端子箱内接地铜排	变压器、开关场等就地端子箱内应设置截面积不小于 $100mm^2$ 的裸铜排，并使用截面积不小于 $100mm^2$ 的铜缆与电缆沟道内的等电位接地网连接
2.6.5	开关场的变压器、断路器、隔离开关、结合滤波器和 TA、TV 等设备的二次电缆施工	检查开关场的变压器、断路器、隔离开关、结合滤波器和 TA、TV 等设备的二次电缆，应经金属管从一次设备的接线盒（箱）引至就地端子箱，并将金属管的上端与上述设备的底座和金属外壳良好焊接，下端就近与主接地网良好焊接。在就地端子箱处将这些二次电缆的屏蔽层使用截面积不小于 $4mm^2$ 的多股铜质软导线可靠单端连接至等电位接地网的铜排上
3	运行管理、定期检验	
3.1	继电保护整定计算及定值管理	
3.1.1	风电场继电保护整定计算报告	风电场继电保护整定计算必须有整定计算报告，报告内容应包括短路计算、主变压器保护整定计算、集电线路保护整定计算、母线保护整定计算、场用变保护整定计算、无功补偿装置保护整定计算等部分，整定计算报告应经复核、批准后正式印刷，整定计算报告应妥善保存
3.1.2	短路计算	短路电流计算工程上采用简化计算方法，风电场短路电流计算建议逐步采用 GB/T 15544.1—2023 推荐的短路点等效电压源法

序号	评价项目	评价内容与要求
3.1.3	主变压器、场用变压器、集电线、无功补偿装置、母线差动、箱变保护、故障录波整定计算	
3.1.3.1	主变压器保护整定原则及灵敏系数校验	变压器保护的整定计算应依据 DL/T 684—2012 规定的整定原则进行，标准中未规定的可参照厂家技术说明书或相关技术资料进行整定，确保整定原则的合理性，并按要求校验灵敏系数
3.1.3.2	变压器的短路故障后备保护整定	变压器的短路故障后备保护整定应考虑如下原则：高、中压侧相间短路后备保护动作方向指向本侧母线，本侧母线故障有足够灵敏度，灵敏系数大于 1.5，若采用阻抗保护，则反方向偏移阻抗部分作变压器内部故障的后备保护；对中性点直接接地运行的变压器，高、中压侧接地故障后备保护动作方向指向本侧母线，本侧母线故障有足够灵敏度；以较短时限动作于缩小故障影响范围，以较长时限动作于断开变压器各侧断路器
3.1.3.3	变压器非电量保护整定	变压器非电量保护除重瓦斯保护作用于跳闸，其余非电量保护宜作用于信号
3.1.3.4	汇流母线差动保护的整定	汇流母线差动整定依据厂家说明书和国能发安全〔2023〕22 号文件要求整定，母差定值应整定合理
3.1.3.5	集电线路保护整定	集电线路可设置过电流保护两段，第一段为电流速断保护，第二段为定时限过电流保护；单相零序过电流保护等应整定合理
3.1.3.6	接地变压器保护整定	接地变压器可设置过电流保护两段，第一段为电流速断保护，第二段为定时限过电流保护；零序过电流保护两段，第一段动作于母联（分段）断路器跳闸，第二段动作于高压侧跳闸，同时联跳主变压器低压侧断路器；其动作时限应与集电线路零序保护配合
3.1.3.7	无功补偿装置保护的整定	无功补偿装置可设置过电流、过电压、低电压、不平衡电压、零序电流等保护
3.1.3.8	场用变压器保护整定	场用变压器高压侧过电流保护、高压侧单相接地零序电流保护等应整定合理；场用变压器高压侧过电流保护可设置两段，第一段为电流速断保护，第二段为定时限过电流保护；场用变高压侧定时限过电流保护动作时限应与机群现电流保护的最大动作时间配合

续表

序号	评价项目	评价内容与要求
3.1.3.9	箱式变压器保护的整定	箱式变压器高压侧如有保护装置可设置过电流保护两段，第一段为电流速断保护，第二段为定时限过电流保护，第二段定时限保护可作为风机的后备保护；低压侧单相零序过电流保护等应整定合理。箱式变压器低压侧带智能脱扣器的可设置瞬时保护、长延时保护、短延时保护、接地等，应整定合理
3.1.3.10	故障录波器整定	
3.1.3.10.1	模拟量启动定值	故障录波器模拟量启动定值应整定合理
3.1.3.10.2	母线电压频率启动定值	宜增加频率越限启动暂态记录，当频率大于 50.2Hz 或小于 49.5Hz 时启动，当频率变化率大于 0.2Hz/s 时启动
3.1.4	继电保护整定值的定期校核	全场继电保护整定计算的定期校核内容应明确，结合电网调度部门每年下发的最新系统阻抗，校核短路电流及相关的保护定值
3.1.5	全场继电保护整定值全面复算	定期对全场继电保护定值进行全面复算
3.1.6	继电保护定值单管理	
3.1.6.1	继电保护定值通知单编制及审批、保存	应编写全场正式的继电保护定值通知单，定值通知单应严格履行编制及审批流程，定值通知单应有计算人、审核人、批准人签字并加盖"继电保护专用章"，现行有效的定值通知单应统一妥善保存；无效的定值通知单上应加盖"作废"章，另外单独保存
3.1.6.2	继电保护定值通知单签发及执行情况记录表	应编制"继电保护定值通知单签发及执行情况记录表"
3.1.6.3	保护装置定值清单打印及保存	定值通知单执行后或装置定期检验后，应打印保护装置的定值清单用于定值核对，定值清单上签写核对人姓名及时间，打印的定值清单应统一妥善保存
3.2	软件版本管理	保护软件的程序版本号、CRC 校验码（或程序和数）、保护装置密码是否建档。内容是否齐全，是否与保护装置软件版本实际相符
3.3	继电保护图纸管理	
3.3.1	新机组或新装置投运后图纸与实际接线核对	新机组或新装置投运后应结合机组检修尽快完成图纸与实际接线的核对工作，图纸核对工作应落实到具体的责任人，详细记录核对结果，图纸核对记录应包括图纸编号、核对责任人、核对时间、核对结果等内容

| 风力发电场技术监督培训教材

序号	评价项目	评价内容与要求
3.3.2	新增、技改后及时修编《电气二次图册》	新增、技改工程结束后，应及时完成图实核查并修编符合现场实际接线的《电气二次图册》
3.4	继电保护动作评价及故障录波分析	
3.4.1	继电保护和安自装置动作记录与分析评价	每次继电保护和安自装置动作后，应对其动作行为进行记录和分析评价，建立"继电保护和安全自动装置动作记录表"，保存保护装置记录的动作报告
3.4.2	继电保护和安全自动装置缺陷处理与记录	继电保护和安全自动装置发生缺陷，以及因处理缺陷处理或故障而退出运行后，均应进行详细记录，建立"继电保护和安全自动装置缺陷及故障记录表"
3.4.3	故障录波装置录波文件导出备份与记录	故障录波装置在异常工况和故障情况下启动录波后，应检查其录波完好情况，定期（每月度）导出并备份录波文件，建立"故障录波装置启动记录表"
3.5	巡视检查	
3.5.1	继电器室、配电柜室、SVG 小室等场所环境温度、相对湿度	继电器室、蓄电池室等小室内最大相对湿度不应超过 75%，室内环境温度应在 5～30℃ 范围内；安装在开关柜中微机综合保护测控装置，要求环境温度在 −5～45℃ 范围内，最大相对湿度不应超过 95%
3.5.2	装置异常或故障告警信号	检查主变压器保护装置、线路保护装置、母线保护装置、集电线路保护装置、接地变保护装置、场用变保护装置、无功补偿装置等是否存在异常或故障告警信号，是否每周检查一次
3.5.3	保护装置定值核对	检查是否每年或定检后打印保护装置定值清单与正式下发执行的定值通知单进行核对，检查定值是否一致
3.5.4	主变压器组保护屏、母线保护屏等电流二次回路接地	检查主变压器组保护屏、母线保护屏等的电流互感器二次回路中性点是否分别一点接地
3.5.5	保护装置定期专项巡检	
3.5.5.1	保护装置时间显示	检查主变压器组继电保护装置、线路保护装置、母线保护装置等的时间显示（年、月、日、时、分、秒）是否与主时钟（或从时钟）的时间显示一致
3.5.5.2	保护装置测量显示	检查主变压器组继电保护装置、线路保护装置、母线保护装置等的定期巡检记录
3.5.6	故障录波器	

序号	评价项目	评价内容与要求
3.5.6.1	故障录波器异常或故障告警信号	检查主变压器组故障录波器、线路故障录波器是否存在异常或故障告警信号
3.5.6.2	手动启动录波	手动启动录波，查看故障录波器录波文件是否正常生成
3.5.6.3	故障录波文件查阅	查阅继电保护装置相关保护动作记录，检查故障录波器是否生成相应的故障录波文件
3.5.6.4	故障录波器时间显示	检查发电机变压器组故障录波器、线路故障录波器的时间显示（年、月、日、时、分、秒）是否与时间同步装置的主时钟或从时钟的时间显示一致
3.5.7	时间同步装置	检查时间同步装置是否存在异常或故障告警信号
3.5.8	直流电源系统	
3.5.8.1	蓄电池室的温度、通风、照明等环境	检查蓄电池室的温度、通风、照明等环境，阀控蓄电池室的温度应经常保持在 5 ～ 30℃，并保持良好的通风和照明
3.5.8.2	蓄电池外观	检查蓄电池是否存在破损、漏液、鼓肚变形、极柱锈蚀等现象
3.5.8.3	高频开关电源模块显示	检查高频开关电源模块面板指示灯、标记指示是否正确、风扇无异常；检查模块输出电流电压值基本一致
3.5.8.4	监控装置恒压、均充、浮充控制功能参数设置及异常报警	检查监控装置恒压、均充、浮充控制功能设置是否正确，直流母线电压是否控制在规定范围，浮充电流值是否符合规定，无过电压、欠电压报警，通信功能无异常；检查绝缘监测装置显示正常、无报警
3.6	继电保护及安全自动装置定期检验	
3.6.1	运行中装置的定期检验	新安装装置投运后 1 年内必须进行第一次全部检验，微机型装置每 2 ～ 4 年进行一次部分检验，每 6 年进行一次全部检验，利用装置进行断路器跳、合闸试验结合升压站或线路检修进行，应编制《继电保护和安全自动装置检验记录》
3.6.2	装置检修文件包（或现场标准化作业指导书）	装置定期检验（全部检验、部分检验、用装置进行断路器跳合闸试验）应编制检修文件包（或现场标准化作业指导书），重要和复杂的保护装置应编制继电保护安全措施票

序号	评价项目	评价内容与要求
3.6.3	保护装置全部检验及部分检验项目	保护装置全部检验及部分检验包括外观及接线检查、绝缘电阻检测、逆变电源检查、通电初步检验、开关量输入、输出回路检验、模数变换系统检验、保护的整定及检验、纵联保护通道检验、整组试验等项目
3.6.4	逆变电源检查	逆变电源检查应进行直流电源缓慢上升时的自启动性能试验，定期检验时还检查逆变电源是否达到规定的使用年限
3.6.5	通电初步检验	通电初步检验应检查并记录装置的软件版本号、校验码等信息，并校对时钟
3.6.6	模数变换系统检验	模数变换系统检验应检验零点漂移；全部检验时可仅分别输入不同幅值的电流、电压量；部分检验时可仅分别输入额定电流、电压量
3.6.7	整定值检验	整定值检验在全部检验时，对于由不同原理构成的保护元件只需任选一种进行检查，建议对主保护的整定项目进行检查，后备保护如相间 I、II、III 段阻抗保护只需选取任一整定项目进行检查；部分检验时可结合装置的整组试验一并进行
3.6.7.1	线路纵联距离（方向）保护、纵联电流差动保护定值检验	线路纵联距离（方向）保护（包括纵联距离主保护、相间和接地距离保护、零序电流保护、重合闸等）、纵联电流差动保护（包括电流差动主保护、相间和接地距离保护、零序电流保护、重合闸等）定值检验方法应正确
3.6.7.2	断路器保护定值检验	断路器保护（包括失灵保护、三相不一致保护、充电电流保护、死区保护、重合闸、检无压检同期功能等）定值检验方法正确
3.6.7.3	过电压及远方跳闸保护定值检验	过电压及远方跳闸保护（包括收信直跳就地判据及跳闸逻辑、过电压跳闸及发信等）定值检验方法正确
3.6.7.4	母线保护定值检验	母线保护［包括差动保护、失灵保护、母联（分段）失灵保护、母联（分段）死区保护、TA 断线判别功能、TV 断线判别功能等］定值检验方法正确
3.6.7.5	母联（分段）保护定值检验	母联（分段）保护（充电过流保护）定值检验方法正确
3.6.7.6	变压器保护定值检验	变压器保护（包括差动保护、阻抗保护、复压闭锁过电流保护、零序电流保护、间隙保护等）定值检验方法正确

续表

序号	评价项目	评价内容与要求
3.6.7.7	发电机保护定值检验	发电机部分保护应结合监控系统保护定值检验进行，其检验方法应正确
3.6.7.8	集电线路保护定值检验	集电线路保护（包括过电流保护、距离保护、零序保护、过负荷保护等）定值检验方法正确
3.6.7.9	接地变压器保护定值检验	接地变压器保护（包括速断保护、过电流保护、零序保护等）定值检验方法正确
3.6.7.10	场用变压器保护定值检验	场用变压器保护（包括速断保护、过电流保护、零序保护、过负荷保护等）定值检验方法正确
3.6.7.11	无功补偿支路保护定值检验	无功补偿支路保护（包括过电流保护、零序保护、过负荷保护等）定值检验方法正确
3.6.7.12	箱式变压器保护定值检验	箱变高压侧过电流保护、低压侧（瞬时保护、长延时保护、短延时保护、接地保护等）定值检验方法正确
3.6.7.13	故障录波器以及同步相量测量装置、安全稳定控制装置等自动装置检验	故障录波器以及同步相量测量装置、安全稳定控制装置等自动装置的检验方法正确
3.6.8	整组试验	全部检验时，需要先进行每一套保护带模拟断路器（或带实际断路器或采用其他手段）的整组试验，每一套保护传动完成后，还需模拟各种故障用所有保护带实际断路器进行整组试验；部分检验时，只需用保护带实际断路器进行整组试验
3.7	时间同步系统	
3.7.1	时间同步装置检验	定期现场检验（2～4年）时间同步装置的性能和功能，现场检验项目按照 GB/T 26866—2022《电力时间同步系统检测规范》执行
3.7.2	继电保护装置对时同步准确度检验	定期检验继电保护装置（结合保护装置全部检验）的对时同步准确度
3.8	直流电源系统	
3.8.1	浮充电运行的蓄电池组单体浮充端电压测量	浮充电运行的蓄电池组，除制造厂有特殊规定外，应采用恒压方式进行浮充电。浮充电时，严格控制单体电池的浮充电压上、下限，浮充电压值应控制在 $N×$（2.23～2.28）V，N 为蓄电池数量；每月至少一次对蓄电池组所有的单体浮充端电压进行测量，测量用电压表应使用经校准合格的四位半数字式电压表，记录单体电池端电压数值必须到小数点后三位，防止蓄电池因充电电压过高或过低而损坏

序号	评价项目	评价内容与要求
3.8.2	蓄电池核对性充放电	新安装的阀控蓄电池每 2～3 年应进行一次核对性充放电，运行了 6 年以后的阀控蓄电池应每年进行一次核对性充放电；若经过 3 次核对性放充电，蓄电池组容量均达不到额定容量的 80% 以上或蓄电池损坏 20% 以上，可认为此组阀控蓄电池使用年限已到，应安排更换
3.8.3	直流电源系统充电装置、微机监控装置、绝缘监测装置、电压监测装置定期检测	定期检测直流电源系统充电装置、微机监控装置、绝缘监测装置、电压监测装置的功能和性能

第三节　风力发电场电测监督

一、监督目的、范围、指标要求等

（一）监督目的

电测监督是保证风电场设备安全、经济、稳定、环保运行的重要基础工作。电测监督的目的是通过对电测仪表及电能计量装置进行正确的系统设计、安装调试及周期性的日常检定、检验、维护、修理等工作，使之始终处于完好、准确、可靠的状态。风电场应结合本场的实际情况，制定电场电测监督管理标准；依据标准和国家、行业最新有关标准和规范，编制风电场电测监督管理标准、运行规程、检修规程和检修维护作业指导书等相关或支持性文件；以科学、规范的监督管理，保证电测监督工作目标的实现和持续改进。

（二）监督范围

（1）电能计量装置与系统：电能表，计量用电压、电流互感器及其二次回路，电能计量屏、柜，以及与电能计量有关的失压计时器、电能信息采集及管理系统等。电能信息采集与管理系统包括电能量计量表计、电能量远方终端（或传送装置）、信息通道以及现场监视设备组成的系统。

（2）电气测量设备：电测量数字仪器仪表、电测量指示仪器仪表、电测量记录仪器仪表、直流仪器仪表（含直流电桥、直流电位差计、标准电阻、标准电池、直流电阻箱、直流分压箱等）、交流采样测量装置、电测量系统二次回路（TV 二次回路压降测试装置、二次回路阻抗测试装置）、电流互感器、电压互感器（测量用互感器、标准互感器、互感器校验仪及检定装置、负载箱）。

（三）指标要求

（1）确保重要仪表的校验率100%，调前合格率98%，周检率100%。

（2）电测标准装置的认证、复查合格率100%。

（3）购网计量装置电能表现场定期校验率100%。

（4）计量装置TV二次导线压降及互感器二次回路负荷合格率100%。

（5）现行标准规程使用率100%。

二、全过程监督的要点

（一）设计与设备选型阶段

组织对电测量及电能计量装置进行设计审查，并对生产厂家资质进行审查；电测量及电能计量装置的设计应做到技术先进、经济合理、准确可靠、监视方便，以满足发电场安全经济运行和商业化运营的需要；根据相关规程、规定及实际需要制定电测计量装置的订货管理办法；电力建设工程中电测量及电能计量装置的订货，应根据审查通过的设计所确定的厂家、型号、规格、等级等组织订货。

（二）安装、验收阶段

制订本单位电测量及电能计量装置等安装与验收管理制度；电测量及电能计量装置等投运前应进行全面验收。仪器设备到货后应由专业人员验收，检查物品是否符合订货合同；验收的项目及内容应包括技术资料、现场核查、验收试验、验收结果的处理。应做到图纸、设备、现场相一致；电测量及电能计量装置的安装应严格按照通过审查的施工设计进行；新安装的电测仪表应进行检定，检定合格后在其明显位置粘贴合格证（内容至少包括设备编号、有效期、检定员全名）；应建立资产档案，专人进行资产管理并实现与相关专业的信息共享。资产档案内容应有资产编号、名称、型号、规格、等级、出厂编号、生产厂家、生产日期、验收日期等。

（三）运行维护阶段

应具备与电测技术监督工作相关的法律、法规、标准、规程、制度等文件；应建立健全技术监督网体系和各级监督岗位职责，开展正常的监督网活动并记录活动内容、参加人员及有关要求；电测量及电能计量装置必须具备完整的符合实际情况的技术档案、图纸资料和仪器仪表设备台账；相应人员每天应对电能计量装置的场站端设备进行巡检，并做好相应的记录；仪器设备要有专人保管，制订仪器仪表设备的维护保养计划。应在仪器设备上粘贴反映检定、校准状态的状态标志；应按要求完成电测技术监督工作统计报表。技术监督工作总结、统计报表、事故分析报告与重大问题应及时上报；应配备符合条件的电测专业技术人员，并保持队伍相对稳定，加强培训与考核，提高人员

素质。

（四）周期检验阶段

风电场应制订电测技术监督工作计划、计量器具周期检定计划及仪器仪表送检计划，并按期执行；按照各检定规程要求定期规范开展电测仪器仪表的检定或校准工作；电测量及电能计量装置原始记录及检定报告应至少保存两个检定周期；按规定的期限保存原始观测数据、导出数据和建立审核路径的足够信息的记录，原始记录应包括每项检定或校准的操作人员和结果核验人员的签名。当在记录中出现错误时，每一错误应划改，不可擦涂掉，以免字迹模糊或消失，并将正确值填写在其旁边。对记录的所有改动应有改动人的签名或签名缩写。对电子存储的记录也应采取同等措施，以避免原始数据的丢失或未经授权的改动。

三、技术监督评价细则

电测专业技术监督评价细则见表 3–14。

表 3–14　　电测专业技术监督评价细则

序号	评价项目	评价内容与要求
1	工程设计、选型阶段	
1.1	贸易结算用电能计量装置	
1.1.1	贸易结算用电能计量装置准确度等级	关口电能表准确度等级不应低于 0.2S 级；计量用电流互感器准确度等级不应低于 0.2S 级；计量用电压互感器准确度等级不应低于 0.2S 级
1.1.2	关口电能表主、副配置	上网贸易结算电量的电能计量装置应配置准确度等级相同的主、副电能表
1.1.3	计量专用电压、电流二次回路	贸易结算用电能计量装置应配置计量专用电压、电流互感器或者专用二次绕组，电能计量专用电压、电流互感器或专用二次绕组及其二次回路不得接入与电能计量无关的设备
1.1.4	电能计量装置接线方式	接入中性点绝缘系统的 3 台电压互感器，35kV 及以上的宜采用 Yyn 方式接线，35kV 以下的宜采用 Vv 方式接线；2 台电流互感器的二次绕组与电能表之间应采用四线分相接法。接入非中性点绝缘系统的 3 台电压互感器应采用 YNyn 方式接线，3 台电流互感器的二次绕组与电能表之间应采用六线分相接法

续表

序号	评价项目	评价内容与要求
1.1.5	贸易结算用电能计量装置电压失压告警	贸易结算用电能计量装置应装设电压失压计时器，若电能表的电压失压计时功能满足 DL/T 566—1995 的要求，并提供相应的报警信号输出（如发生任意相 TV 失压、TA 断线、电源失常、自检故障等），可不再配置专门的电压失压计时器。电压失压报警信号应引至风电场电力网络计算机监控系统
1.1.6	电压、电流二次回路导线截面积	二次回路的连接导线应采用铜质绝缘导线。电压二次回路导线截面积应不小于 $2.5mm^2$，电流二次回路导线截面积应不小于 $4mm^2$
1.1.7	二次电压并列装置、切换装置	一次系统采用单母分段接线方式，若一次系统存在两段母线并列运行条件，二次电压回路应配置二次电压并列装置。一次系统接线为双母线接线方式，采用母线电压互感器时，二次电压回路应配置二次电压切换装置
1.1.8	风电场电能信息采集终端	风电场侧电能计量装置应配置场站采集终端。场站采集终端宜单独组屏，场站采集终端应满足 DL/T 698.31—2010《电能信息采集与管理系统　第3-1部分：电能信息采集终端技术规范　通用要求》、DL/T 698.32—2010《电能信息采集与管理系统　第3-2部分：电能信息采集终端技术规范厂站采集终端特殊要求》的有关要求
1.2	风电场用电能计量装置	
1.2.1	电能计量装置设计与配置	电能计量装置的设计应满足 DL/T 448—2016、DL/T 5137—2001《电测量及电能计量装置设计技术规程》、DL/T 825—2021《电能计量装置安装接线规则》的规定
1.2.2	风电场场用系统电能计量装置	新、扩建项目场用系统电能计量应优先配置独立的电子式多功能电能表
1.3	集电线路	集电线路保护测控装置应配置电能计量专用芯片并提供电能校验脉冲输出
1.4	交流采样测量装置	风电场 RTU 远动终端、NCS 系统的模拟量采集宜采用交流采样方式进行采集
2	安装验收阶段	
2.1	贸易结算用电能计量装置全面验收	

续表

序号	评价项目	评价内容与要求
2.1.1	贸易结算用电能计量装置（关口电能表、计量用互感器）安装前首次检定	关口电能表、计量用互感器安装前应进行首次检定，检定报告应妥善保存，检定结果应合格
2.1.2	电压互感器二次回路电压降测试	测试报告应妥善保存，电压互感器二次回路压降应不大于其额定二次电压的 0.2%
2.1.3	电压互感器、电流互感器二次回路实负荷测试	测试报告应妥善保存，电压、电流互感器二次回路实负荷应不低于 JJG 1189.3—2022、JJG 1189.4—2022 规定的互感器下限负荷
2.2	交流采样测量装置投运前校验	交流采样测量装置在投入运行前必须进行虚负荷校验，校验项目应规范，校验报告应妥善保存
2.3	配电盘（控制盘）仪表安装前检验（包括电测指示仪表、数字显示仪表等）	配电盘（控制盘）仪表安装前应进行首次检定，检定项目应规范，检定报告应妥善保存
3	维护检修阶段	
3.1	贸易结算用电能计量装置	
3.1.1	关口电能表周期检定	关口电能表应依据 JJG 596—2012《电子式交流电能表检定规程》进行周期检定，检定周期一般不超过 6 年
3.1.2	关口电能表定期现场检验	关口电能表现场检验依据 DL/T 448—2016，至少每半年进行一次现场检验
3.1.3	电流、电压互感器现场检定	互感器应依据 JJG 1189.3—2022、JJG 1189.4—2022 进行周期检定，电流、电磁式电压互感器检定周期一般不超过 10 年，电容式电压互感器检定周期一般不超过 4 年
3.1.4	电压互感器二次回路电压降测试	电压互感器二次回路电压降测试依据 DL/T 448—2016，每两年进行一次，电压互感器二次回路压降应不大于其额定二次电压的 0.2%
3.2	风电场场用系统电能表	
3.2.1	风电场场内系统电能表周期检定	查看检定报告。检定报告应参照国家计量检定规程 JJG 596—2012，查看检定周期、检定项目、检定方法、所使用标准装置等级、数据修约等内容
3.2.2	风电场场内电能表定期现场检验	查看检验报告，场内及场用电能表现场检验依据 DL/T 448—2016 的规定

续表

序号	评价项目	评价内容与要求
3.3	交流采样测量装置周期校验	查看校验报告。校验报告应参照国家电网企业标 准 Q/GDW 1140—2016、Q/GDW 10347—2016 查看校验周期、检定项目、检定方法、所使用标准装置等级、数据修约等内容
3.4	配电盘（控制盘）仪表检验周期检验（包括电测指示仪表、数字显示仪表等）	查看检定报告。检定报告应参照 DL/T 980—2005《数字多用表检定规程》，查看检定周期、检定项目、检定方法、所使用标准装置等级，数据修约等内容
3.5	绝缘电阻表、接地电阻表周期检定	查看检定报告。检定报告应参照 JJG 622—1997《绝缘电阻表（兆欧表）检定规程》，查看检定周期、检定项目、检定方法、所使用标准装置等级、数据修约等内容
3.6	其他仪器、仪表周期检验	查看检定报告
4	现场设备巡查	
4.1	关口电能计量屏	
4.1.1	电能表主、副标志	现场巡查电能表主、副标志应清晰
4.1.2	电能表报警显示	现场巡查电能表应运行正常，无报警信号
4.1.3	电能表失压事件记录	现场抽查电能表内部失压事件记录信息
4.1.4	电能表失压告警信号远传	现场查看，电能表失压告警信号应引至 NCS 系统
4.1.5	运行电能表的时钟误差累计不得超过 10min	现场查看电能表的运行时钟
4.2	现场电测仪表状态标志	现场抽查电测仪表检验合格证，检验合格证应粘贴规范，检验合格证内容应至少包括检验有效期、检定员全名

第四节 风力发电场电能质量监督

一、监督目的、范围、指标要求等

（一）监督目的

电能质量可以定义为：导致用电设备故障或不能正常工作的电压、电流或频率的偏差，其内容包括频率偏差、电压偏差、三相不平衡、波形畸变、电压波动与闪变。电能质量技术监督就是通过对电力系统有关管理部门和运行工况实施技术监督，督促有关部门和单位加强技术和运行管理，及时调整有关运行方式和采取相应措施，防止电气设备在运行期间由于电能质量下降而引发各类事故，保证各级电能质量符合各项有关规定。因此，电能质量技术监督是保障电网安全、优质、经济运行，向用户提供优质的电能和维持全社会的正常用电秩序的一项重要措施。

（二）监督范围

为保证电能安全经济地输送、分配和使用，理想供电系统的运行应具有以下基本特性：

（1）以单一恒定的电网标称频率（50Hz）、规定的电压等级（10、66、220、330kV等）和以正弦函数波形变化的交流电向用户供电，并且这些运行参数不受用电负荷特性的影响。

（2）始终保持三相交流电压和三相负荷电流的平衡。用电设备汲取电能应当保证最大传输效率，即达到单位功率因数，同时各用电负荷之间互不干扰。

（3）电能的供应充足，即向电力用户的供电不中断，始终保证电气设备的正常工作与运转，并且每时每刻系统中的功率供需都是平衡的。

上述理想供电系统的基本特性构成了供电运行对电能质量的基本要求，电能质量的基本要素是电压合格、频率合格和连续供电。

电压合格、频率合格和连续供电这三项质量指标相互间存在着紧密的依存和制约关系。由于用电负荷的变化，负荷特性的差异和随机性及电网的各种故障等多种因素，往往导致实际供电系统的频率和电压幅值不再保持恒定不变，三相电压出线不平衡，正弦波形发生畸变。为保证用电设备的正常工作和电力系统的安全稳定运行，并考虑供用电设备的电气设计额定值和供电电压的高低变化对电气设备的技术、经济指标的影响等因素，国家制定了相关的电能质量标准。

（三）指标要求

1. 频率偏差指标

电力系统在正常运行条件下，系统频率的实际值与标称值之差称为系统的频率偏差，用公式表示为

$$\delta_f = f_{re} - f_N$$

式中：δ_f 为频率偏差，Hz；f_{re} 为实际频率，Hz；f_N 为系统标称频率，Hz。

根据 GB/T 15945—2008《电能质量　电力系统频率偏差》的规定，电力系统正常频率偏差允许值为 ±0.2Hz。当系统容量较小时，偏差值可以放宽到 ±0.5Hz。

2. 电压偏差

供电系统在正常运行方式下，某一节点的实际电压与系统标称电压之差比系统标称电压的百分数称为该节点的电压偏差，用公式表示为

$$\Delta U = (U_{re} - U_N) / U_N \times 100\%$$

式中：ΔU 为电压偏差；U_{re} 为实际电压，kV；U_N 为系统标称电压，kV。

根据 GB/T 12325—2008《电能质量　供电电压偏差》的规定，电压允许偏差：35kV 及以上供电电压正、负偏差绝对值之和不超过标称电压的 10%；20kV 及以下三相供电电压偏差为标称电压的 ±7%；220V 单相供电电压偏差为标称电压的 +7%，−10%。

3. 三相电压不平衡指标

电力系统在正常运行方式下，电量的负序分量均方根值与正序分量均方根值比定义为该电量的三相不平衡度，用公式表示为

$$\varepsilon_U = U_2 / U_1 \times 100\%$$

$$\varepsilon_I = I_2 / I_1 \times 100\%$$

式中：ε_U、ε_I 分别为三相电压不平衡度和三相电流不平衡度；U_2、U_1 分别为电压正序、负序分量均方根值，kV；I_2、I_1 分别为电流正序、负序分量均方根值，kA。

根据 GB/T 15543—2008《电能质量　三相电压不平衡》的规定，三相电压允许不平衡度：电力系统公共连接点正常电压不平衡度允许值为 2%，短时不得超过 4%；接于公共接点的每个用户引起该点正常电压不平衡度允许值一般为 1.3%，根据连接点的负荷状况，邻近发电机、继电保护和自动装置安全运行要求，可作适当变动，但必须满足 GB/T 15543—2008 第 4.1 条的规定。

4. 电压波动和闪变允许值指标

（1）电压波动限值。根据 GB/T 12326—2008《电能质量　电压波动和闪变》的规定，任何一个波动负荷用户在电力系统公共连接点产生的电压波动限值和频度、电压等级有关，见表 3–15。

表 3–15　　　　　　　　　　　　　电压波动限值 d

变动频度 r（次 /h）	d（%）	
	LV、MV	HV
$r \leqslant 1$	4	3
$1 < r \leqslant 10$	3*	2.5*
$10 < r \leqslant 100$	2	1.5
$100 < r \leqslant 1000$	1.25	1

注　1. 对于随机性不规则的电压波动，如电弧炉负荷引起的电压波动，表中标有"*"的值为其限值。
　　2. 参照 GB/T 156—2017《标准电压》，系统标称电压 U_N 等级按以下划分：低压（LV），$U_N \leqslant 1kV$；中压（MV），$1kV < U_N \leqslant 35kV$；高压（HV），$35kV < U_N \leqslant 220kV$。

对于 220kV 以上超高压（EHV）系统的电压波动限值可参照高压（HV）系统执行。

（2）电压闪变限值。根据 GB/T 12326—2008《电能质量　电压波动和闪变》的规定，电力系统公共连接点，在系统正常运行的较小方式下，以一周（168h）为测量周期，所

有长时间闪变限值 P_{1t} 都应满足表 3–16 的要求。

表 3–16 　　　　　　　　　　　　　　闪变限值

电压	≤ 110kV	> 110kV
P_{1t}	1	0.8

5. 公用电网谐波指标

根据 GB/T 14549—1993《电能质量　公用电网谐波》的规定，公用电网谐波电压（相电压）限值见表 3–17。

表 3–17 　　　　　　　　　公用电网谐波电压（相电压）限值

电网标称电压（kV）	电压总谐波畸变率（%）	各次谐波电压含有率（%）	
		奇次	偶次
0.38	5.0	4.0	2.0
6	4.0	3.2	1.6
10			
35	3.0	2.4	1.2
66			
110	2.0	1.6	0.8

公用连接点的全部用户向该点注入的谐波电流分量（方均根值）不应超过表 3–17 规定的允许值。当公共连接点处的最小短路容量不同于基准短路容量时，表 3–18 中的谐波电流允许值应进行换算。

表 3–18 　　　　　　　　　注入公共连接点的谐波电流允许值

标称电压（kV）	基准断路容量（MVA）	谐波次数及谐波电流限值（A）															
		2	3	4	5	6	7	8	9	10	11	12	13	14	15	16	17
0.38	10	78	62	39	62	26	44	19	21	16	28	13	24	11	12	9.7	18
6	100	43	34	21	34	14	24	11	11	8.5	16	7.1	13	6.1	6.8	5.3	10
10	100	26	20	13	20	8.5	15	6.4	6.8	5.1	9.3	4.3	7.9	3.7	4.1	3.2	6.0
35	250	15	12	7.7	12	5.1	8.8	3.8	4.1	3.1	5.6	2.6	4.7	2.2	2.5	1.9	3.6
66	500	16	13	8.1	13	5.4	9.3	4.1	4.3	3.3	5.9	2.7	5.0	2.3	2.6	2.0	3.8
110	750	12	9.6	6.0	9.6	4.0	6.8	3.0	3.2	2.4	4.3	2.0	3.7	1.7	1.9	1.5	2.8

二、全过程监督的要点

（一）规划设计阶段

1. 有功功率及频率质量

风力发电场应具备一次调频能力，性能应符合 GB/T 40595—2021《并网电源一次调频技术规定及试验导则》的规定，根据电力系统运行需要投、退一次调频功能。一次调频应与 AGC 协调配合，且优先级高于 AGC。

（1）有功调节能力。风电场应配置有功功率控制系统，具备有功功率调节能力。能够接收并自动执行调度部门下达的有功功率控制指令，实现有功功率的连续平滑调节；风电机组应具有有功功率控制能力，接收并自动执行风电场发送的有功功率控制信号。当风电机组有功功率在额定出力的 20% 以上时，其应具备有功功率连续平滑调节的能力。

（2）频率监测设备。频率偏差的监测，宜使用具有连续监测、越限记录和统计功能的仪器仪表或自动监控系统，其绝对误差不大于 ±0.01Hz，一个基本记录周期为 1s。

2. 无功功率与电压偏差

（1）无功调节能力。

基本要求：风电场的无功电源包括风电机组及风电场无功补偿装置。风电场安装的风电机组应具有一定的无功容量，宜满足图 3-1 的要求，即无功功率在额定有功出力下功率因数超前 0.95 ～ 滞后 0.95 确定的范围内动态可调；风电场要充分利用风电机组的无功容量及其调节能力；当风电机组的无功容量不能满足系统电压调节需要时，应在风电场集中加装适当容量的动态无功补偿装置；风电场宜配置无功电压控制系统，具备无功功率及电压控制能力；根据电网调度部门指令，风电场自动调节其发出（或吸收）的无功功率，实现对并网点电压的控制；其调节速度和控制精度应能满足电网电压调节的要求。

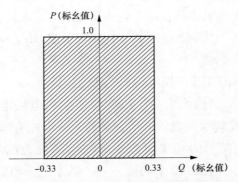

图 3-1 风电机组无功容量及调节能力范围要求

无功容量配置：风电场配置的无功装置类型及其容量范围应结合风电场实际接入情况，通过风电场接入电力系统无功电压专题研究来确定；风电场的无功容量应按照分（电压）层和分（电）区基本平衡的原则进行配置，并满足检修备用要求；对于直接接入公共电网的风电场，其配置的容性无功容量能够补偿风电场满发时场内汇集线路、主变压器的感性无功及风电场送出线路的一半感性无功之和，其配置的感性无功容量能够补偿风电场自身的容性充电无功功率及风电场送出线路的一半充电无功功率；对于通过220kV（或330kV）风电汇集系统升压至500kV（或750kV）电压等级接入公共电网的风电场群中的风电场，其配置的容性无功容量能够补偿风电场满发时场内汇集线路、主变压器的感性无功及风电场送出线路的全部感性无功之和，其配置的感性无功容量能够补偿风电场自身的容性充电无功功率及风电场送出线路的全部充电无功功率。

无功补偿装置：无功补偿装置应具有自动电压与无功调节能力；无功补偿装置应选用动态无功功率补偿装置（SVC 型或 SVG 型），或与成组电容补偿装置配合共同满足风电场无功补偿要求。选用 SVC 型动态无功补偿装置或谐波值超过规定时，应根据电力系统要求设置相应滤波回路；风电场并网运行时，应确保场内无功补偿装置的动态部分投自动调整功能，且动态补偿响应时间不大于 30ms，并确保场内无功补偿装置的电容器支路和电抗器支路在紧急情况下可快速正确投切；风电场无功动态调整的响应速度应与风电机组高电压穿越能力相匹配；风电场配置的并联电抗器（电容器）、调压式无功补偿装置响应时间应不大于 2s，动态无功（包括风电机组及动态无功补偿装置）响应时间应不大于 60ms；动态无功补偿装置应具有自动调节功能，且其电容器、电抗器支路在紧急情况下能被快速正确投切。

风电场主变压器宜采用有载调压变压器。风电场主变压器的分接头选择、调压范围及每档调压值，应满足风电场母线电压质量的要求，满足场内风电机组的正常运行要求。

（2）电压监测设备。风电场并网高压母线应按电力调度机构要求设置电压监测点。站内汇集母线及主变高压侧母线宜配置齐全、准确的电压表计；电压监测应使用具有连续监测和统计功能的仪器仪表或自动监控系统，其测量误差应低于 ±0.5%；电压监测仪表测量采样窗口应满足 GB/T 17626.30—2012《电磁兼容　试验和测量技术　电能质量测量方法》的要求，一般取 10 个周波，一个基本记录周期为 3s，其分析数据为各窗口测量值的方均根值。风力发电场应具备动态电压支撑能力。无功调节设备的自动控制环节应采用自动电压控制模式，其动态电压调节性能宜参照 DL/T 843—2021《同步发电机励磁系统技术条件》的相关要求。

3. 谐波、电压波动与闪变及三相电压不平衡的监督

风电场应配置电能质量监测设备，以实时监测风电场电能质量指标是否满足要求。不同运行条件下谐波监测仪表的电压、电流允许误差应满足 DL/T 1227—2013《电能质量监测装置技术规范》的相关要求；谐波监测仪表测量采样窗口应满足 GB/T 17626.30—2012 的要求，一般取 10 个周波，一个基本记录周期为 3s，其分析数据为各窗口测量值的方均根值；谐波测量设备应符合 GB/T 17626.7—2017《电磁兼容　试验和测量技术　供电系统及所连设备谐波、间谐波的测量和测量仪器导则》的要求。电流互感器和电压互感器的频率响应范围能满足谐波测量要求。三相电压不平衡度监测仪表的允许误差为 0.2%，其测量采样窗口应满足 GB/T 17626.30—2012 的要求，一般取 10 个

周波，一个基本记录周期为3s，其分析数据为各窗口测量值的方均根值。短时闪变的一个基本记录周期为10min，长时闪变的一个基本记录周期为2h。

4. 异常电压穿越

风电场应具备故障穿越能力，包括低电压穿越能力、高电压穿越能力、连续穿越能力，在电压考核范围内，风电场的风电机组应保证不脱网连续运行。当并网点电压在标称电压的90%～110%之间时，风电机组应能正常运行；当并网点电压低于标称电压的90%或超过标称电压的110%时，风电场应能够按照规定的低电压和高电压穿越的要求运行。

（二）运行维护阶段

1. 有功功率与频率指标监督

（1）有功功率。风电场有功功率变化包括1min有功功率变化和10min有功功率变化。在风电场并网以及风速增长过程中，风电场有功功率变化应满足电力系统安全稳定运行的要求，其限值应根据所接入电力系统的频率调节特性，由电力系统调度机构确定。风电场有功功率变化限值的推荐值见表3-19，该要求也适用于风电场的正常停机。允许出现因风速降低或风速超出切出风速而引起的风电场有功功率变化超出有功功率变化最大限值的情况。

表3-19　　　　　　　　　　风电场有功功率变化限值的推荐值

风电场装机容量 P_N（MW）	10min有功功率变化最大限值（MW）	1min有功功率变化最大限值（MW）
$P_N < 30$	10	3
$30 \leq P_N \leq 150$	$P_N/3$	$P_N/10$
$P_N > 150$	50	15

（2）频率。风电场应在表3-20所列电力系统频率范围内按规定运行。

表3-20　　　　　　　　风电场在不同电力系统频率范围内的运行规定

电力系统频率范围（Hz）	要求
$f < 46.5$	根据风电场内风电机组允许运行的最低频率而定
$46.5 \leq f < 47$	每次频率低于47Hz、高于46.5Hz时，要求风电场具有至少运行5s的能力
$47 \leq f < 47.5$	每次频率低于47.5Hz、高于47Hz时，要求风电场具有至少运行20s的能力

续表

电力系统频率范围（Hz）	要求
$47.5 \leqslant f < 48$	每次频率低于48Hz、高于47.5Hz时，要求风电场具有至少运行60s的能力
$48 \leqslant f < 48.5$	每次频率低于48.5Hz、高于48Hz时，要求风电场具有至少运行30min的能力
$48.5 \leqslant f \leqslant 50.5$	连续运行
$50.5 < f \leqslant 51$	每次频率高于50.5Hz、低于51Hz时，要求风电场具有至少运行30min的能力，并执行电力系统调度机构下达的降低功率或高周切机策略，不允许停机状态的风电机组并网
$51 < f \leqslant 51.5$	每次频率高于51Hz、低于51.5Hz时，要求风电场具有至少运行30s的能力，并执行电力系统调度机构下达的降低功率或高周切机策略，不允许停机状态的风电机组并网
$f > 51.5$	根据风电场内风电机组允许运行的最高频率而定

频率监测点宜选取为系统接入点；频率的监测统计应满足 GB/T 15945—2008 的要求，监测内容为月、季、年度频率合格率及频率超允许偏差上、下限值的累积时间。频率统计时间以"秒"为单位，频率质量合格率计算公式为

$$频率质量合格率（\%）= \left(1 - \frac{频率超上限时间+频率超下限时间}{频率监测总时间}\right) \times 100\%$$

2. 无功功率与电压监督

风电场电压监测点为各高压母线及系统接入点；电压监测统计应满足 GB/T 12325—2008 的要求，监测内容为月、季、年度电压合格率及电压超允许偏差上、下限值的累积时间。电压统计时间以"分"为单位。电压质量合格率计算公式为

$$电压质量合格率（\%）= \left(1 - \frac{电压超上限时间+电压超下限时间}{电压监测总时间}\right) \times 100\%$$

配置无功补偿装置的风电场应保证无功补偿装置正常运行，其投入率、调节合格率等技术指标应符合电网要求。

3. 谐波、电压波动与闪变及三相电压不平衡的监督

电压波动和闪变合格率应不低于99%，三相电压不平衡度合格率应不低于98%，电压正弦波畸变合格率应不低于98%。

4. 异常电压穿越

（1）高电压穿越能力。风电场应具有表 3-21 所要求的高电压穿越能力。在高电压穿越过程中，风电场内的风电机组应具备连续有功控制的能力，且应符合当地电网对新能源高电压穿越能力的特殊要求，如图 3-2 所示。

表 3-21 风电场高电压穿越运行时间要求

并网点工频电压值（标幺值）	运行时间
$1.10 < U_T \leqslant 1.20$	应保证不脱网运行 10s
$1.20 < U_T \leqslant 1.25$	应保证不脱网运行 1s
$1.25 < U_T \leqslant 1.30$	应保证不脱网运行 500ms

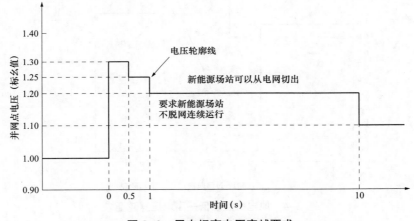

图 3-2 风电场高电压穿越要求

（2）低电压穿越能力。风电场应具有低电压穿越能力，在低电压穿越过程中，风电机组的低电压穿越要求如图 3-3 所示。风电场并网点电压跌至标称电压的 20% 时，风电场内的风电机组应保证不脱网连续运行 625ms。风电场并网点电压在发生跌落后 2s 内能够恢复到标称电压的 90% 时，风电场内的风电机组应保证不脱网连续运行。

（3）连续穿越能力。风电场应具有低—高电压穿越能力，要求如图 3-4 所示。风电场自低电压阶段快速过渡至高电压阶段，风电场并网点电压在阴影所示轮廓线内，风电场内的风电机组应保证不脱网连续运行。风电场应能够至少承受连续两次图 3-4 所示的风电场低—高电压穿越。对需要风电场实现低—高压穿越要求的地区，低压阶段时间 Δt_1、过渡阶段时间 Δt_2、高压阶段时间 Δt_3 以及两次连续穿越时间间隔等，应根据电力系统实际需要通过专题研究确定。

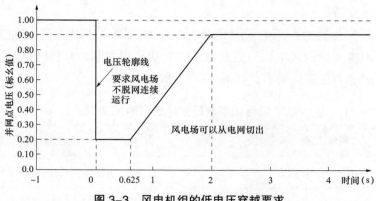

图 3-3　风电机组的低电压穿越要求

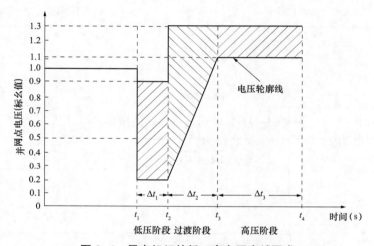

图 3-4　风电机组的低—高电压穿越要求

三、技术监督评价细则

电能质量技术监督评价细则见表 3-22。

表 3-22　　　　　　　　　　　电能质量技术监督评价细则

序号	评价项目	评价内容与要求
1	试验	
1.1	并网场站应具备故障电压穿越能力	查阅故障电压穿越能力测试报告
1.2	并网场站应有正式的电能质量测试报告，在并网点引起的闪变、谐波电流和谐波电压应满足要求	检查设备资料及试验报告

序号	评价项目	评价内容与要求
2	运行维护	
2.1	电压调整： （1）正常运行的场站并网点及站内各等级电压允许偏差应符合本标准的要求。 （2）无功补偿装置应按电网调度机构要求正常投入。 （3）配置 AVC 装置且能自动接收、执行电网调度机构下达的控制指令的场站，应确保 AVC 可用率满足电网调度机构的要求	检查资料及现场提问
2.2	配置 AGC 装置且能自动接收、执行电网调度机构下达的控制指令的场站，应保证 AGC 系统正常运行，其可用率及调节性能指标应符合电网调度机构的要求	检查资料及现场提问
2.3	配备电能质量在线监测装置的场站，应定期进行电能质量（谐波、三相不平衡、电压波动及闪变等）监测并形成书面记录，统计方法应准确	检查测试报告或记录
2.4	按规定做好场站故障电压穿越的记录、统计及分析工作，及时发现、消除并网变频器低电压穿越功能缺陷	检查记录
3	设备监督重点	
3.1	无功补偿配置的类型、容量、响应速度及调节精度应满足电网调度机构的要求	检查设备技术资料，及接入电力系统无功电压专题研究报告
3.2	场站电压、频率及电能质量运行适应性应满足要求，在规定的运行范围内能够按要求运行	检查设备技术资料，及现场查看
3.3	电能质量自动监测装置应满足要求，包括： （1）电压监测应具有连续监测和统计功能，其测量精度应不低于 0.5 级。 （2）电压监测电压幅值测量采样窗口应满足 GB/T 17626.30—2012 的要求，一般取 10 个周波，一个基本记录周期为 3s。 （3）频率偏差的监测误差不大于 ±0.01Hz，一个基本记录周期为 1s。 （4）谐波监测设备测量采样窗口一般取 10 个周波，一个基本记录周期为 3s。	检查设备技术资料及现场查看

续表

序号	评价项目	评价内容与要求
3.3	（5）三相不平衡度监测装置测量采样窗口一般取 10 个周波，一个基本记录周期为 3s。三相电压不平衡度测量允许误差限值为 0.2%，三相电流不平衡度测量允许误差限值为 1%。 （6）短时闪变的一个基本记录周期为 10min，长时闪变的一个基本记录周期为 2h	检查设备技术资料及现场查看
4	监督指标考核	
4.1	频率和电压合格率指标应满足要求： （1）连续运行统计期内频率合格率应达到本地电网的要求，并至少不低于 99.5%。 （2）连续运行统计期内母线电压合格率应满足本地电网调度要求，并至少不低于 99%	检查记录
4.2	（1）AGC 装置可用率及调节性能应满足本地电网要求，设备状态良好。 （2）AVC 装置投入率及调节合格率应满足本地电网要求，设备状态良好	检查记录、设备技术资料

第五节　风力发电场金属监督

一、监督目的、范围、指标要求等

1. 监督目的

金属技术监督的目的是采用先进的诊断和检测技术，做好受监设备（部件）在设计、建设（制造、安装）和生产中的材料质量、焊缝质量、部件质量监督工作；掌握受监设备（部件）的应力状态、性能状况、缺陷情况，提前采取切实可行的预防措施，从而预防和减少不安全事故的发生，提高设备运行的可靠性和使用寿命，保证受监设备（部件）的安全稳定运行。

2. 监督范围

（1）塔架及附件，包括塔筒、基础环、连接法兰、连接高强度紧固件、焊缝、爬梯、电缆固定支架、塔架基础。

（2）机舱底盘及其连接用高强度紧固件。

（3）旋转部件，包括风力发电机组轮毂、传动系统的增速齿轮箱相关金属部件、主轴（包含收缩盘）、主轴承（包含轴承座）、刹车装置、偏航制动装置、联轴器，以及连接用高强度紧固件。

（4）输电线路铁塔。

（5）金属部件防腐蚀监督。

3. 指标要求

（1）检验计划完成率100%。

（2）超标缺陷处理率100%。

（3）超标缺陷消除率100%。

二、全过程监督的要点

（一）金属材料监督

所有受监设备（部件）的材料选用或代用应按国家的规定执行。金属材料、焊接材料的材质、性能，应符合国家标准和行业标准；进口金属材料应符合合同规定和国家的有关技术标准，同时需有商检合格的相应文件。

受监设备（部件）的材料、备品配件应经质量验收合格，应有合格证或质量保证书，应标明钢号、化学成分、机械性能、金相组织、热处理工艺等；数据不全应补检。对受监设备（部件）的材料质量有怀疑时，应按有关标准进行抽样复核；个别指标不满足相应标准的规定时，应按相关标准扩大抽样检验比例或全检验。

受监设备（部件）的各类金属材料、焊接材料、备品配件等，应根据存放地区的自然情况、气候条件、周围环境和存放时间的长短，建立严格的保管制度；做好保管工作，防止变形、变质、腐蚀、损伤。不锈钢应单独存放，严禁与碳钢混放或接触。

（二）焊接质量监督

凡受监设备（部件）焊材的选择、焊接工艺、焊后热处理、焊接质量检验及其质量评定标准，应符合国家标准和行业标准。焊接工作必须由经过焊接基本知识和实际操作技能培训，并持电力部门或国家市场监督管理总局颁发的有效资格证书的焊工担任；对重要部件或焊接位置困难的焊接工作，焊工应经过焊前练习，焊接与实际相同的代样，并经检验合格后方可允许施焊。

重要焊接工作必须制订焊接施工方案（或工艺卡），并进行工艺评定和制订相应的焊接热处理工艺措施。受监设备（部件）焊缝的无损检测方法主要包括目视检测（VT）、超声检测（UT）、磁粉检测（MT）、渗透检测（PT）、射线检测（RT）。从事无损检测的人员，应经考核取得所从事的无损检测项目有效的（VT或UT、MT、PT、RT）Ⅰ、Ⅱ、Ⅲ级资格证书；其中Ⅱ、Ⅲ级资质人员可独立进行操作，Ⅰ级资质人员应在Ⅱ、Ⅲ级资质人员的监督指导下操作；用于无损检测的设备应按相关标准进行定期校验和检测；无损检测前，应由持有Ⅱ、Ⅲ级无损检测资质人员，根据设计技术规范编制相关无损检测工艺。

焊接受监设备（部件）所用的焊接材料，包括焊条、焊丝、钨棒、氩气、氧气、乙炔、碳弧气刨用碳棒、二氧化碳和焊剂等，应符合国家标准或行业标准；焊条、焊丝应有质量保证书，并经鉴定确认为合格品才能使用；钨极氩弧焊用的电极，宜采用铈钨棒，所用氩气纯度不低于99.95%；焊接用氧气纯度不低于99.5%，乙炔纯度不低于99.8%，二氧化碳纯度不低于99.5%；热处理所用表计应经计量部门检定合格，并能做出实际热处理曲线。

当检验结果为不合格时，对允许返修的焊接接头进行返修，并确保补焊的次数不超过2次；返修后的焊接接头应按规定复检合格。

风力发电场所属输变电设备的金属受监设备、部件和材料，都应有制造厂提供的质量保证书及检验记录等技术资料，如资料不全或对质量有怀疑时，应要求制造厂补做；所有受监部件在到货或安装后由本单位生产部门负责进行抽检工作；抽检部件以宏观检查为主，并进行尺寸、化学成分、镀层、硬度、力学性能、无损检测等项目的检验。

（三）风力发电场金属部件防腐监督

承包风力发电场钢结构初始涂装、修补涂装的防腐施工单位，应具有防腐保温Ⅱ级及以上资质，具备保证工程安全质量的能力。风力发电场钢结构的腐蚀状况及防腐蚀效果应定期进行巡视检查；巡视周期结合风力发电场巡检周期开展；巡视内容应包括风力发电机组塔筒内外壁无油漆脱落和剥落现象、焊缝处油漆涂层无鼓包。

风力发电场在钢结构防腐检查中发现油漆脱落和大面积腐蚀情况，应拍照记录，及时组织修复，对已生锈部位进行打磨处理，去除锈迹和油迹应重新补漆或其他修复措施。

（四）风力发电场高强度紧固件的监督

高强度紧固件是指强度等级达到8.8级以上的螺栓连接副；风力发电场常用的高强螺栓的强度等级主要包含8.8s、10.9s、12.9s三种强度等级。

风电用高强度螺栓必须保证扭矩系数，同批次紧固件扭矩系数平均值为0.11～0.15，扭矩系数标准偏差应不大于0.01。在保证预紧力为屈服强度的75%的情况下进行扭矩系数实验；风电用高强度螺栓，由于表面采用了达克罗涂层，扭矩系数要靠安装时涂抹MoS_2来保证；如果螺纹表面和垫片作用面均涂抹MoS_2，扭矩系数一般取值在0.08～0.12，扭矩系数标准偏差应不大于0.01。

高强紧固件现场安装前，应提供同规格、同批次紧固件的出厂合格证和质量证明书；质量证明书中应包含螺栓的化学成分、力学性能试验（或楔负载试验）和扭矩系数的试验报告；安装单位或风力发电场应按照批次抽样，送第三方再次做高强度紧固件的质量检测。

高强度螺栓连接副安装时必须按照风力发电机组厂家提供的安装手册中要求的螺栓力矩值和工艺要求执行，注意紧固的顺序与力矩，禁止超规定力矩值紧固螺栓。力矩检查所使用的液压站、液压扳手、手动力矩扳手必须经有资质的单位进行定期校验，且在校验合格有效期内。

机组投运500h首检时应对各部位连接螺栓紧固情况进行100%数量的力矩检查、复紧。新更换螺栓连接副按照此规定执行。塔筒法兰、偏航齿圈与塔筒法兰、轮毂与变桨轴承、变桨轴承与叶片、主轴与轮毂、联轴器连接螺栓，主轴承座固定螺栓，齿轮箱弹性支撑、发电机弹性支撑固定螺栓，机舱固定螺栓，电缆支架、爬梯固定螺栓等紧固螺栓的力矩检查应定期进行。

做力矩检查的螺栓连接副应按照工艺文件的规定在螺母或螺栓上做好标记；标记应规范，不同年度定检宜采用不同颜色记号笔做标记；螺栓紧固检查标记示例如图3-5、图3-6所示。

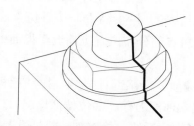
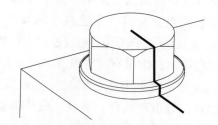

图3-5　带螺母的螺栓标记线画法示例　　图3-6　不带螺母的螺栓标记线画法示例

（五）轮毂和传动系统监督

轮毂和传动系统在安装前，必须审查出厂质量证明书或轮毂出厂检验报告，应提供出厂检验报告，包括轮毂静力试验、疲劳试验、自然频率和阻尼测定、模型分析等型式实验报告，应提供强度（硬度）试验、超声波检验、红外成像分析、声学分析等检验报告，齿轮箱试车试验、监造报告等；无出厂质量证明书或出厂检测报告不得安装。

制造阶段主轴在调质热处理并表面初加工后进行100%超声波探伤，合格等级为3级；主轴在外圆表面精加工后，应对主轴外圆表面及两端面进行磁粉探伤；严禁由于加工不当导致主轴尺寸减小后进行堆焊。

主轴承所使用的润滑脂应涂抹均匀，密封圈应安装到位，不应松动；不同型号的油脂不得混用。运行维护阶段，巡检、定检时应对轮毂进行目视检查，应无裂纹、碰伤、变形。

运行5年及以上的风力发电机组主齿轮箱，每年应抽检进行内窥镜检查；发现齿轮箱断齿、严重点蚀、严重磨损及轴承损坏时，应进行原因分析，必要时应要做失效分析。

运行维护阶段，定期巡检主轴承，发现油脂加注不够、主轴承油脂自动加注系统运行不良时，应手动加注同一品牌、型号的油脂；宜每3～6个月巡检一次；巡检时应查看主轴承的位置移动情况，主轴承挤出的油脂颜色，查看油脂中是否有铁屑、铜屑；若油脂中发现金属碎屑，则应打开主轴承端盖，查看内外套圈、滚子的损坏情况；巡检时应及时清理主轴承排出的油脂。同型号机组运行满 5 年后应每年定期抽检主轴承，并拆开端盖检查。

（六）偏航、变桨系统监督

偏航系统外观检查要求：应安装、连接正确，符合图样工艺和技术标准规定；要求表面清洁，不得有污物、锈蚀和损伤；加工面不得有飞边、毛刺、砂眼、焊斑等缺陷，要求焊缝均匀，不得有裂纹、气泡、夹渣、咬肉等现象。

变桨系统在调试过程中，各驱动器转动应灵活无卡涩，大齿圈和小齿轮啮合严密，传动正常，所有齿面应光滑无损伤。偏航、变桨驱动齿轮副安装时，应检查齿间隙，齿隙检查应在偏航及变桨轴承出厂标记部位进行，其尺寸应符合设计文件的要求；检测齿面接触斑点，应符合工艺技术的要求；对于圆柱齿轮，沿齿高方向接触斑点应不小于30%，沿齿长方向接触斑点应不小于49%；接触斑点的分布位置应趋近于齿面中部，不允许在齿顶和齿根有接触斑点。

风力发电机组运行期间，巡检或监测发现偏航、变桨部件异响、振动超标，应立即检查、分析和处理。偏航、变桨驱动齿轮箱出现油温超标、油位偏低情况时，应及时查明原因并采取措施。每半年检查一次自动油脂加注系统，检查加、排油孔是否堵塞，如自动加脂系统工作不良，应每半年对偏航、变桨轴承齿圈、轴承、小齿轮进行手动补脂。

（七）风力发电机组塔架监督

风力发电机组塔筒的制造必须由具备专业资质的机构进行监造和监检；审查塔筒制造的焊接工艺规程，应符合国家相关标准及技术协议的要求；重点审核塔筒钢板及法兰的质量证明书。风力发电机组运行期间，应加强对塔架的巡检，当发生螺栓松动、焊缝开裂、筒体裂纹等情况，应立即停机检查、分析故障原因并采取处理措施。

风力发电机组运行中达到设计极限风速值的 80% 以上运行工况后，应对每台风力发电机组塔筒及连接螺栓做外观检查；必要时做无损检测。每半年对机舱底盘做宏观检查，包括底盘变形和焊缝开裂，发现异常应进行无损检测。

（八）基础沉降监督

在风力发电机组基础施工时，应严格执行国家、行业标准规范中对基础施工的相关要求；严格按照经过审核批准的作业指导书的要求进行作业，规范执行浇注工艺标准。

应定期检查基础混凝土表面有无裂纹，裂纹是否扩大，覆土有无松动，发现异常应立即停机，并进行基础混凝土强度检测。沉降观测点应沿风力发电机组基础底座周边与基础底座轴线相交的位置布点，每台风力发电机组设置沉降观测点不得少于 4 个，对每个观测点均需观测和记录。

风力发电机组塔筒的沉降测量参照高耸结构、体形简单的高层建筑，塔筒地基变形允许值做如下规定：

（1）风力发电机组塔筒的地基变形应由倾斜值控制，必要时应控制平均沉降量。

（2）塔筒基础的平均沉降量、塔筒倾斜度应按照表3-23的规定执行。

表 3-23　　　　　　　　　风力发电机组塔筒地基变形允许值

轮毂高度 H（m）	沉降允许值（m）		倾斜率允许值 $\tan\theta$
	高压缩性黏性土	低、中压缩性黏性土、砂土	
$H \leq 60$	300		0.006
$60 < H \leq 80$	200		0.005
$80 < H \leq 100$	150	100	0.004
$H > 100$	100		0.003

倾斜率指基础倾斜方向实际受压区域两边缘的沉降差与其距离的比值。计算式为

$$\tan\theta = (s_1 - s_2)/b_s$$

式中：s_1，s_2 分别为基础倾斜方向实际受压区域两边缘的最终沉降值；b_s 为基础倾斜方向实际受压区域的宽度。

（3）若由于风力发电机组现场实际环境条件的限制，不能测量塔筒垂直度，可测量基础环水平度来作为参照，基础环上法兰水平度应不大于2mm。

每台风力发电机组单独进行沉降观测，沉降观测时间、次数如下：

（1）风力发电机组塔筒基础浇筑完成当天观测、记录一次。

（2）基础回填当天观测、记录一次。

（3）机组安装完成当天观测、记录一次。

（4）机组安装完成后15天观测、记录一次。

（5）机组安装完成后3个月观测、记录一次。

（6）机组安装完成后1年观测、记录一次。

（7）运行阶段第二年观测、记录一次，第三年观测、记录一次。沉降量稳定后，每年至少对装机数的10%进行抽查。风力发电机组运行阶段的观测次数，应视地基土类型和沉降速率大小而定。

沉降测点应做好保护。位于农田的沉降测点应防止被施工机械损坏、移动；应在沉降测点上加装不锈钢帽，并应设置防护罩、盖板，避免风沙、泥土、雨水浸入、沉积，防止人为破坏。每年雨季来临前和入冬前应检查基础环内外与混凝土基础结合处有无明显锈蚀和裂纹，发现锈蚀和明显裂纹应使用防腐、防水材料及时做好防腐处理和防渗漏处理，防止基础环松动引发倒塔事故。

三、技术监督评价细则

金属专业技术监督评价细则见表 3-24。

表 3-24　　　　　　　　　　　金属专业技术监督评价细则

序号	评价项目	评价内容与要求
1	金属材料的监督	
1.1	受监金属材料、备品配件的质量验收、保管和领用制度	查看验收、领用制度齐全、完整
1.2	受监金属材料、备品配件的质检资料	（1）进口材料应有商检文件。 （2）塔筒、基础环法兰、主轴、叶片、轮毂、偏航及变桨轴承、机舱底座、高强螺栓、发电机应有质保书
1.3	受监金属材料和备品配件的入库验收	查看合格证和产品质量证明书、入库前验收记录
1.4	受监金属材料和备品配件的保管监督	（1）现场查看受监金属材料、备品配件存放，应挂牌标明钢号、规格、用途。 （2）现场查看受监金属材料、备品配件，应按钢号、规格分类存放
2	焊接质量监督	
2.1	焊接工艺卡、重要部件修复或更换方案	检查受监设备（部件）焊接方案或工艺卡是否正确完整
2.2	焊条、焊丝的质量抽查监督	检查焊条、焊丝，应有制造厂产品合格证、质量证明书并抽样检验
2.3	重要部件焊接检验记录或报告	应建立重要受监设备（部件）的焊接接头外观质量检查记录和无损检测记录或报告，检验记录或报告中对返修焊口检验情况也应记录说明
3	生产阶段监督	
3.1	金属技术监督职责履行情况	检查材料或部件更换前检验、修复焊口、探伤检查、超标缺陷处理记录
3.2	金属部件、设备件缺陷（故障）的处理	对于存在超标缺陷危及安全运行而未处理投运的部件，应经安全性评定制定明确的监督运行措施，并严格执行

序号	评价项目	评价内容与要求
3.3	运行阶段的巡查监督	应严格遵守运行规程，建立运行阶段定期巡查制度，发现缺陷应及时记录和报告，并按相关要求及时采取措施处理
3.4	其他特殊情况的检查	塔筒在台风、地震、设计极限风速80%以上工况后或其他非正常受力后应按标准要求检查
3.5	风力发电机组定期检验（月、半年、年度检查）	查看报告、记录，现场检查
3.6	大部件检验	发生以下情况，应及时安排检测工作： （1）主轴断裂、开裂。 （2）齿轮箱断齿、变桨、偏航轴承、主轴承损坏。 （3）高强螺栓断裂。 （4）塔筒、法兰及焊缝发生开裂或发现重大缺陷
3.7	风力发电机组塔筒、输变电铁塔防腐情况抽查	现场检查
3.8	风力发电机组定检记录（报告）	记录、报告、总结资料审查，座谈交流
3.9	螺栓预紧力检查，液压扳手、扭矩扳手定期校验	审查报告、核对液压扳手的出厂编号
3.10	基础沉降观测	查看资料、现场查看
3.11	高强螺栓探伤检查	对运行5年以上的风力发电机组，抽检风力发电机组总数的5%，对以下高强螺栓做超声波探伤：塔筒间法兰连接螺栓、叶片与变桨轴承连接螺栓、变桨轴承与轮毂连接螺栓、主轴与轮毂连接螺栓、主轴承座与机架连接螺栓、齿轮箱弹性支撑与机架连接螺栓、偏航轴承与机架连接螺栓，偏航轴承与塔筒连接螺栓、发电机与机架连接螺栓
3.12	齿轮箱内窥镜检查	对运行5年及以上的风力发电机组主齿轮箱，每年应抽检10%～20%数量的齿轮箱做内窥镜检查。齿轮箱断齿、严重点蚀、严重磨损，轴承损坏，应分析其损坏原因，必要时要做失效分析
3.13	主轴承定期检查	同型号机组运行满5年后应每年抽检10%的主轴承，并拆开端盖检查

第六节　风力发电场化学监督

一、监督目的、范围、指标要求等

（一）监督目的

化学监督的目的是对风力发电机组用油、润滑脂、六氟化硫气体、冷却液及其设备在设计、选型、监造、安装、运行维护及检修等阶段进行全过程质量监督，及时发现和消除设备隐患，确保风力发电机组用油、润滑脂、六氟化硫气体、冷却液设备安全稳定运行，预防事故的发生。

（二）监督范围

化学监督的范围主要包括：风力发电场在设计选型、交货验收、安装、运行、维护及检修阶段变压器油、齿轮油、液压油、润滑油脂、六氟化硫气体等的质量监督标准，以及化学监督管理要求、评价与考核标准。

（三）指标要求

（1）油、气、液周期检测率为100.0%。

（2）变压器油合格率不小于98.0%。

（3）六氟化硫气体合格率为100.0%。

（4）齿轮油合格率不小于95.0%。

（5）液压油合格率不小于98.0%。

二、全过程监督的要点

（一）设计与设备选型阶段

新建（扩建）工程的设备设计与选型应依据国家、行业相关的现行标准要求，提出化学监督的意见和要求。设备选型应考虑设备的安全可靠性和环保运行的要求，明确设备满足运行状态取样、预留化学在线检测装置加装阀门等要求。

（二）监造和出厂验收阶段

监造主要内容：设备制造过程洁净度的保持、取样安全性及在线检测装置加装接口等监督，设备出厂试验温度、压力、材料、密封件等检查。监造方式分为现场见证、文件见证两种。现场见证内容包括：关键部件、关键工序、重要检测试验、设备总装、主要外协抽检、出厂试验等。文件见证内容包括：重要检测试验、质量管理控制文件、特殊工艺文件、外协的管理制度、合格证明、材质单、试验报告、进厂验收记录等。监造工作应建立在制造厂技术管理和质量体系运行的基础上，协助制造厂发现问题，及时改进。设备的质量和性能始终由制造厂全面负责。

（三）安装和投产验收阶段

重要设备运输至现场后，应按照订货合同和相关标准进行验收。重点检查设备冲洗记录、密封性、压力变化，设备及附件残油分析，判断设备运输是否受潮、污染、损坏。现场安装保持整洁干净，无积水、尘土和污染气体，主要工序应根据环境温湿度控制，湿度较大时，应有干燥空气措施。新的电力用油、六氟化硫气体到货后，应检查生产厂家的质量检测报告，并按标准进行质量验收。监督电力用油、六氟化硫气体设备安装期、投产试验前后电力用油、六氟化硫气体质量指标。基建单位应按时向生产运营单位移交全部基建技术资料，生产运营单位资料档案室应及时将资料清点、整理、归档。

（四）生产运行阶段

定期对设备进行巡视、检查、定检，及时对泄漏设备补油、补气，油质相容性、质量指标应满足标准要求，六氟化硫气体湿度、纯度应满足标准要求。当试验数据出现异常时，应复查，明确试验结论，加强对设备缺陷及异常设备跟踪监督，重要设备应制定措施、应急预案。建立健全试验仪器仪表台账，编制试验仪器仪表检验、维护计划，定期校验或送到有检验资质的单位检验。及时编写试验报告，并按报告审核程序进行审核。外委试验报告应经试验单位审批后，由化学监督专责人验收，并录入电力用油、六氟化硫气体检验台账。编制化学在线监测装置运行报表，变压器油中溶解气体跟踪分析报表，异常设备原因分析报告，掌握设备运行状态的变化，对设备状况进行预控。

（五）检修技改

化学监督设备特殊检修及技改前，应编制相应的检修、技改方案，履行审批手续。检修过程严格按照电力安全工作规程和现场施工安全规定执行，制定预防及控制措施。严格执行三级验收制度。检修过程按检修文件包的要求进行工艺和质量控制，执行质检点（W点、H点）技术监督及三级验收制度。检修过程按相关标准对电力用油、六氟化硫气体进行净化处理，检修前后应按相关标准、方法、导则进行检验。检修期产生化学废弃物严格按照化学废弃物排放和处置相关要求执行。及时编写试验报告，并按报告审核程序进行审核。外委试验报告应经试验单位审批后，由化学监督专责人验收，并录入电力用油、六氟化硫气体检验台账。应适时开展化学监督设备状况的分析评估工作，准确掌握电力用油、六氟化硫气体设备的健康状况，为运行、检修、改造等工作提供科学的依据。

三、技术监督评价细则

化学专业技术监督评价细则见表3-25。

表 3–25 化学专业技术监督评价细则

序号	评价项目	评价内容与要求
1	变压器油	查看定期巡查记录和变压器油检验台账、试验报告和检修维护记录
1.1	定期巡检	定期巡检，设备运行声音正常，油温、油位、压力指示正常，各连接法兰、结合面及堵头无漏油现象。吸湿器内干燥剂无饱和失效现象，油杯内油位正常
1.2	变压器油检验	（1）变压器和附件油油质检验周期和变压器取样台数符合标准要求。 （2）变压器油油质检验项目和检验方法符合标准要求。 （3）变压器油中溶解气体检验周期和变压器取样台次数符合标准要求。 （4）变压器油中溶解气体组分含量检测方法符合标准要求。 （5）变压器油质合格率不小于98.0%。 （6）运行变压器油油质指标超极限值或各溶解气体含量超过注意值时，应查明原因并采取相应处理措施。 （7）变压器油检验单位资质齐全。 （8）检验报告结论明确
1.3	检修、维护监督	（1）运行变压器油油质指标超极限值，应及时进行再生处理。 （2）油相容性满足标准要求。 （3）储油柜吸湿器内无积油及堵塞，吸湿器的干燥剂无饱和失效现象，油杯内油位正常
2	齿轮油	查看定期巡查记录和齿轮油检验台账、试验报告和检修维护记录
2.1	主传动增速齿轮箱齿轮油	
2.1.1	定期巡检	定期巡检并记录油温、油位、滤芯压差及油系统管路的密封状况
2.1.2	齿轮油检验	（1）主传动增速齿轮箱齿轮油检验周期和取样台数符合标准要求。 （2）油质检验项目和检验方法符合标准要求。 （3）主传动增速齿轮箱齿轮油合格率不小于95.0%。 （4）运行齿轮油指标超极限值时，应查明原因并采取相应处理措施。 （5）齿轮油检验单位资质齐全。 （6）检验报告结论明确
2.1.3	检修、维护监督	（1）运行齿轮油颗粒污染度超标应及时进行旁路处理。 （2）补油、换油方法正确，监督指标满足标准要求。 （3）呼吸器的干燥剂无饱和失效现象

序号	评价项目	评价内容与要求
2.2	偏航、变桨齿轮箱齿轮油	
2.2.1	定期巡检	定期巡检并记录偏航及变桨齿轮箱油温、油位及密封状况
2.2.2	齿轮油检验或定期换油监督	齿轮油检验周期和取样台数或定期换油周期符合标准要求；如果采取检验监督方式，其油质检验项目和检验方法应符合标准要求
3	液压油	查看定期巡查记录和液压油检验台账、试验报告和检修维护记录
3.1	定期巡检	定期检查并记录油温、油位、滤芯压差及油系统管路的密封状况
3.2	液压油检验	（1）液压系统液压油检验周期和取样台数符合标准要求。 （2）油质检验项目和检验方法符合标准要求。 （3）液压油合格率不小于 98.0%。 （4）运行液压油指标超极限值时，应查明原因并采取相应处理措施。 （5）液压油检验单位资质齐全。 （6）检验报告结论明确
3.3	检修、维护监督	（1）运行液压油颗粒污染度超标应及时进行旁路处理。 （2）补油、换油方法正确，监督指标满足标准要求。 （3）呼吸器的干燥剂无饱和失效现象
4	六氟化硫气体	查看定期巡查记录和六氟化硫气体检验台账、试验报告和检修维护记录
4.1	定期巡检	定期检查并记录，断路器运行无异常声音，室内通风系统正常、无异常气味，各气室六氟化硫气体的压力值正常，断路器液压操动机构油位正常，无漏油现象
4.2	六氟化硫气体检验	（1）六氟化硫气体检验周期和取样气室数符合标准要求。 （2）六氟化硫气体检验项目和检验方法符合标准要求。 （3）六氟化硫气体合格率为 100%。 （4）六氟化硫气体检验单位资质齐全。 （5）检验报告结论明确
4.3	检修、维护监督	（1）充气、补气、回收、检修和设备异常措施完善。 （2）见证点现场签字。 （3）质量三级验收
5	冷却液	查看定期巡查记录和冷却液检验台账、试验报告和检修维护记录

续表

序号	评价项目	评价内容与要求
5.1	定期巡检	定期巡检并记录水温、液位、进出液压差及系统管路的密封状况
5.2	冷却液检验	（1）冷却液检验周期和取样台数符合标准要求。 （2）冷却液检验项目和检验方法符合标准要求。 （3）冷却液合格率为100%
5.3	检修、维护监督	补液、换液方法正确，监督指标满足标准要求
6	油库管理及安全要求	
6.1	库存油的管理	对库存油应做好油品入库、储存、发放工作，防止油的错用、混用及油质劣化。库存油管理应符合下列要求： （1）新购油取样验收合格后方可入库。 （2）库存油应分类存放，油桶标记清楚。 （3）库存油应严格执行油质检验制度。除应对每批入库、出库油做检验外，还要加强库存油移动时的检验与监督。 （4）库房应清洁、阴凉、干燥，通风良好
6.2	安全措施	（1）油库及其所辖储油区应严格执行防火防爆制度，配置充足灭火器材，杜绝油的渗漏和泼洒。 （2）从事接触油料工作的人员应采取防范措施，避免吸入油雾或油蒸气；皮肤不应长时间与油接触，必要时在操作过程中应戴防护手套、穿防护服；操作后应将皮肤上的油污清洗干净，油污衣服也应及时清洗等。 （3）更换旧油时应根据环保要求进行处理
7	废弃物处置管理	
7.1	废油、废气、废液放置场所	存放废油、废气、废液放置场所必须有通风、避雨和防泄漏措施，以及防止和应对意外事故的措施
7.2	废油、废气、废液处置	分散回收的废油、废六氟化硫气体、废冷却液，应由相关职能部门联系具有相应回收资格的单位（企业）收购处理

第七节　风力发电场风力机监督

一、监督目的、范围、指标要求

（一）监督目的

风力机监督的目的是对风力发电机组各系统及设备进行全过程监督，以确保风力发电机组在良好状态下运行，防止事故的发生。

（二）监督范围

风力机监督规定了风电场风力机设备从设计选型、制造、安装、调试、试运行、预验收、最终验收、运行、检修和技术改造等阶段风力发电机组叶轮、机舱和塔架、传动系统、主控系统、变流系统、变桨系统、液压和制动系统、偏航系统、其他系统及设备的质量监督要求。

（三）指标要求

在统计周期内，风电机组实际功率曲线与设计功率曲线比率应不低于98%，设备可利用率应不低于96%。

二、全过程监督的要点

（一）设计与选型阶段

新建（扩建）工程的风力机设计在规定外部条件、设计工况和载荷情况下，应保证风力发电机组在其设计使用寿命期内安全正常地工作，设计寿命应不少于20年。风力发电机组的整机噪声设计应满足GB 3096—2008《声环境质量标准》的要求。

风力机设备设计与选型应依据应按照GB/T 25383—2010、GB/T 19072—2022、GB/T 19073—2018《风力发电机组　齿轮箱设计要求》、DL/T 5383—2007《风力发电场设计技术规范》、NB/T 31018—2018、JB/T 10300、JB/T 10426.1—2004《风力发电机组制动系统　第1部分：技术条件》、JB/T 10425.1《风力发电机组偏航系统　第1部分：技术条件》等技术标准，以及国家、行业相关的标准规范和反事故措施的要求，工程的实际需要和运行经验，明确对叶轮、机舱和塔架、传动系统、主控系统、变流系统、变桨系统、液压和制动系统、偏航系统、其他系统及设备风力机监督的要求，提出风力机监督的意见和要求。

参与审核风力机设备及装置的配置和选型，提出具体要求，并签字认可。参加设备采购合同审查和设备技术协议签订。对设备的技术参数、性能和结构等提出意见，并明确性能保证考核、技术资料、技术培训等方面的要求。参加设计联络会，对设计中的技术问题、招标方与投标方以及各投标方之间的接口问题提出意见和要求，将设计联络结果形成文件归档，并监督执行。

1. 叶轮系统设计选型

叶片设计寿命应不少于20年，气动设计与结构设计应根据使用地区的风资源特点进行优化设计。轮毂的设计载荷应考虑叶片可能承受的最大离心载荷、气动载荷、惯性载荷、重力等因素。

2. 齿轮箱及主轴的设计选型

齿轮箱的整体应具有良好的密封性，不应有渗漏现象，并能避免水分、尘埃及其他杂质进入箱体内部。应设有观察窗口、内窥镜检查孔、油标和油位监控及报警装置、油压表和油压报警装置、温度测量装置的传感器探测孔、空气滤清器、透气塞、带磁性垫的放油螺塞（放油阀）以及起重用吊耳、空心轴等。

主轴应能承受所规定的极限限制状态载荷，包括静载荷和动载荷。所有转动部件在其工作转速范围内，传动轮系、轴系应不发生共振或产生过大的振动。

3. 机舱和塔架设计选型

塔架宜根据机型选用钢制圆筒塔架，对于高度较高的塔架也可选用钢筋混凝土混合钢制圆筒塔架形式。

塔架内部部件的设计和安装应满足使操作人员能够安全地进行安装、维修和进入机舱。

（二）监造和出厂验收阶段

风力发电机组设备制造应满足 GB/T 25383—2010、GB/T 19073—2018、GB/T 19960.1—2005《风力发电机组　第1部分：通用技术条件》、DL/T 586—2008 等标准规范的规定。参与设备监造服务合同的签订，提出设备监造方式和项目意见。监督采购合同对设备监造方式和项目要求的落实，监督监造工作简报的定期报送、制造中出现不合格项时的处置等。随时掌握监造过程中设备制造质量、进度，参加质量见证、检查、监督设备质量情况和设备监造工作情况，出现问题及时协调处理。参与按相关标准、规程及订货合同或协议中明确增加的出厂试验项目，监督试验结果。监造工作结束后，监督监造人员及时出具监造报告。监造报告应包括产品结构叙述、监造内容、方式、要求和结果，并如实反映产品制造过程中出现的问题及处理的方法和结果等。

1. 叶轮系统制造

叶片的制造过程应满足 GB/T 25383—2010 要求。叶片原材料应提供合格证书、检验单、使用说明书。定型鉴定时，应进行气动性能试验、静力试验、解剖试验、固有特性试验、雷击试验、定桨距叶片叶尖制动机构功能试验、疲劳试验。应出具叶片型式试验报告。

轮毂制造应按照 DL/T 586—2008 的规定执行。原材料应提供质量证明书及材质复检报告，包含材质机械性能、球化级别、硬度和金相组织等试验报告。

2. 齿轮箱及主轴的制造

齿轮箱的箱体、行星架、齿轮、齿圈、齿轮轴的材料及性能应满足 GB/T 19073—2018 的要求。

主轴应具有足够的表面硬度、强度和韧性，金相组织、材料应符合材质证明书要求。对主轴机械性能如抗拉强度、屈服强度、延伸率、断口收缩率、冲击韧性（包括室温和低温）进行复验。

主轴出厂检验项目包括但不限于：外观检查；金属部件无损探伤检查；几何尺寸、形位公差检测。

3. 机舱和塔架制造

机舱底座可采用焊接或铸造的方式制造，其性能应满足设计要求。钢材、焊材及油漆应进行入厂复检。机舱和塔架的制造应满足相应国家标准、行业标准的要求。

（三）安装和投产验收阶段

风电机组安装应符合 GB/T 14315—2008《电力电缆导体用压接型铜、铝接线端子和连 接 管》、GB/T 19568—2017、GB/T 25383—2010、GB 50168—2018、GB 50217—2018 等相关技术标准，以及订货合同、制造厂的操作说明书的要求。风力发电机组各系统、设备运输至现场后，监督相关人员按照订货合同和相关标准进行验收工作，形成验收报告。对安装工程监理工作提出风力机监督的意见，监督监理单位工作开展情况，保证设备安装质量。安装结束后，监督相关人员按有关标准、订货合同及调试大纲进行设备交接试验和投产验收工作。投产验收时应进行现场实地查看，发现安装施工及调试不规范、项目不全或结果不合格、设备达不到相关技术要求、基础资料不全等不符合风力机监督要求的问题时，应提出监督意见，要求立即整改，直至合格。监督基建单位按时向生产运营单位移交全部基建技术资料，生产运营单位应及时将资料清点、整理、归档。

1. 塔架的安装

风电机组安装之前必须先完成风电机组基础验收，验收项目包括但不限于：基础的强度、基础环表面法兰水平度、基础接地电阻。

塔架安装时，应使上、下两节塔段之间的对接标记对正，母线排结构需同时保证母线排对正。最后安装的一节（或两节）塔段应和机舱在同一天内吊装完成。

2. 机舱的安装

机舱吊装前应制订详细的安全吊装方案，且机舱内所有部件应安装合格。正式吊装前应试吊，保证机舱吊起后其安装法兰面水平。机舱安装前各连接面和螺纹孔应清理干净。机舱吊装完成后，撤除机舱吊具前，应保证机舱与塔架螺栓连接可靠。直驱永磁同步发电机吊装应使用专用吊具，吊装前应按照要求测量发电机绕组绝缘。

3. 叶轮的安装

叶片安装时应使用专用吊具，保证叶片起吊角度适宜，吊装前应检查叶片外观。安装时应保证叶片前缘零刻度与变桨轴承内圈（外圈）零刻度对正，紧固过程中叶片不应变桨。

叶轮吊装完成后，以额定扭矩对叶片连接件、叶轮与机舱、塔架与机舱及塔架间的所有连接螺栓进行紧固。

（四）现场调试、试运行、预验收、最终验收监督

1. 现场调试

风力发电机组安装验收完成后，应按照 GB/T 20319—2017、DL/T 5191—2004，以及合同、风力发电机组厂家调试手册和操作说明书的规定，对风电机组进行现场调试。调试完成后应编写调试报告，并进行存档。调试报告包括但不限于以下内容：调试的执

行情况、调试的起止日期、调试中发生的典型问题及解决方法、调试中更换的部件。风力发电机组调试过程中，调试工作包括但不限于以下内容：

（1）主控系统调试，包括温控开关及其器件参数调整与测试；主 PLC 软件、监控软件安装。

（2）变流系统调试，包括测试加热器、风扇、除湿机工作状态，包含动作值和风扇旋向；测试电容投切功能、单支 IGBT 功能、预充电功能、断路器吸合功能等。

（3）机舱测试，包括检查机舱子站通信状态；测试液压站系统压力、偏航余压、高速轴制动压力；测试偏航驱动方向、速度；测试发电机的绝缘、相序；测试主轴润滑、偏航润滑、变桨润滑、发电机润滑加脂，润滑加脂泵旋向与外壳标志一致、油管接头密封。

（4）变桨系统测试，包括测试接近开关、限位开关；测试自动变桨过程中变桨的速度及各部件运行状态。

（5）整机测试，包括测试扭缆功能、过速功能、振动功能、急停功能。

2. 试运行、预验收及最终验收

风力发电机组调试并网后，应按照 DL/T 5191—2004、合同规定允许机组进入试运行，试运行的时间依据制造商和风电场的规定，但不应少于 240h。试运行完成后应编写试运行报告，报告包括但不限于以下内容：试运行状况、控制参数及其结果、所有故障或报警记录，并进行存档。

风力发电机组试运行期满后，确认风力发电机组的技术指标符合产品技术文件规定时，需签署预验收文件，并进行存档。

最终验收工作中涉及的风力发电机组主要部件包括塔筒、机舱、叶片、轮毂、变桨驱动、主轴、主轴承、齿轮箱、联轴器、制动器、发电机、变流器、偏航驱动、主控系统、高强度螺栓等重要部件。验收结论应明确每台被验收风力发电机组存在的问题和处理建议，关键性验收结论应配备必要的图片、声音、影像、数据等资料。验收结论经验收方和被验收方共同签署确认生效后，风电场应及时要求被验收方严格按照处理建议对每台风力发电机组存在的问题进行整改。

（五）生产运行阶段

运行人员应通过主控室计算机的屏幕监视风力发电机组各项运行参数及其变化情况，发现异常情况应通过计算机屏幕对该机组进行连续监视，并根据变化情况及时作出必要处理，减少风力发电机组停机带来的发电损失。风力发电机组运行参数发生异常时，应记录故障现象、原因、处理过程，应根据国家、行业标准，结合风力发电场的实际修编风力机运行规程。定期对设备进行巡视、检查和记录；对设备缺陷及异常处理进行跟踪监督检查。定期统计分析设备缺陷和异常情况；带缺陷运行的设备应加强运行监视，必要时应制定针对性应急预案。对运行中设备发生的事故，应组织或参与事故分析工作，制定反事故措施，并做好统计上报工作。建立健全风力机设备台账，补充、完善风力机设备各部件生产厂家、主要技术参数（包含控制软件名称）、规格、型号、制造记录、元件理论使用寿命、出厂检验记录、到场验收记录、安装调试过程中的异常记录等基础资料，以及投入生产后的重大缺陷、检修、异动、技改等重要动态信息。

风力发电机组日常运行监视项目包括但不限于以下内容：

（1）风向、风速、大气压力、湿度、机舱内（外）温度。

（2）风力发电机组有功功率与无功功率、电流、电压、频率。

（3）变桨角度、变桨电动机温度、变桨电动机扭矩。

（4）齿轮箱油位、油温、油压、齿轮箱轴承温度。

（5）液压系统油位、压力。

（6）主轴轴承温度。

（7）高速轴制动装置刹车片磨损情况。

（8）水冷装置压力、冷却液温度。

（9）机舱振动、传动链各部件振动。

（10）发电机轴承温度、绕组温度。

（11）扭缆角度、偏航对风情况。

（12）叶轮转速、发电机转速。

（13）变流器电流、电压、温度。

（六）检修及技术改造阶段

根据国家和行业的相关标准，以及风力发电机组产品技术条件文件，结合风力发电场的实际制定风力机检修规程，并定期修编。检修前应编制风力机检修工艺规程，编制风力机检修文件包，建立完善风力机检修台账并及时记录检修情况，加强对检修工器具、仪器仪表的管理，按照有关管理规定定期进行检查和检验；做好材料和备品的管理工作，编制备品和配件的定额。

检修过程中，应按检修文件包的要求对检修工艺、质量、质监点（W 点、H 点）验收及三级验收制度进行监督。检修中发现的问题，必须认真记录，完善台账，同时必须组织专题分析会，查找问题的原因，提出可行的解决办法与技术方案，确保检修后不留缺陷。检修完毕，监督检修记录及报告的编制、审核及归档。对检修遗留问题，应监督制订整改计划，并对整改实施过程予以监督。技术改造项目应做好项目可研、立项、项目实施及后评价的全过程监督。当风力发电机组设备从技术经济性角度分析继续运行不再合理时，宜考虑退出运行和报废。

1. 风力发电机组的巡检

根据风电场规模和风力发电机组设备状况，制定适合本风电场的巡检项目和要求。每个季度对风电场所有风力发电机组至少进行一次巡检，发现缺陷应及时处理并记录。风电场所处区域发生台风、地震等自然灾害后，应及时对每台风力发电机组的叶片、机舱、塔筒、连接螺栓、基础进行重点巡视。

风力发电机组巡检项目包括但不限于下列内容：叶轮、机舱、塔架及基础、主轴及主轴承、齿轮箱、联轴器、发电机、控制系统、变桨系统、集电环、液压和制动系统、偏航系统、变流系统。

2. 风力发电机组的定期维护

风电场应根据风力发电机组的特点制定并逐步完善风力发电机组定期维护项目，定期维护项目应明确维护周期及每项检查的内容、要求。维护工作完成后应填写风力发电机组定期维护记录，并整理归档。

风力发电机组定期维护重点项目包括：

（1）叶轮。叶片表面情况、损伤情况；叶片法兰盘挡雨环、叶片根部盖板安装情况，叶片内杂物等情况；轮毂防腐、清洁情况，轮毂内接地。

（2）主轴及主轴承。主轴轴承油脂外观、主轴轴承密封、主轴轴承润滑系统、主轴轴承座端盖废油脂泄油口；主轴处转速传感器、防雷装置锁紧装置。

（3）齿轮箱。箱体及各部件连接处螺栓连接、弹性支撑、外观防腐、冷却风扇；润滑油（外观或化验）、油位、集油盒、油冷却系统连接管路、油冷却器散热板、空气滤清器、润滑油泵功能；接地碳刷、传感器、接线盒、电加热器。

（4）联轴器。联轴器前后端标记线、同轴度及发电机对中；联轴器防腐、制动盘距发电机锁紧盘距离、弹性联轴器弹性膜片。

（5）制动器。制动器螺栓连接；制动器功能、制动器液压油的渗漏情况、刹车片厚度；制动盘、刹车罩壳、制动器表面。

（6）变流器。电气连接；UPS电源、并网断路器、主回路接触器。

（7）变桨系统。变桨轴承润滑、变桨轴承内齿圈和小齿轮齿面、变桨轴承内齿圈和小齿轮齿面润滑及啮合间隙；集电环及横向吊杆固定螺栓、集电环清洁、照明；变桨控制柜、变桨充电器、变桨电池柜、编码器、限位开关支架、连接电缆插头、限位开关功能。

（8）液压系统。液压油位、油位传感器；各测点压力值、蓄能器氮气压力；滤芯、油管接头密封；液压泵及其电动机运行状况。

（9）偏航系统。偏航轴承密封、偏航轴承润滑、各齿轮啮合间隙及表面润滑情况；偏航刹车盘表面、偏航刹车片厚度；接地碳刷、运行中异响情况、集油瓶、偏航扭缆开关功能。

（10）防雷保护系统。防雷模块外观、设备接地线、塔基接地引下线检查；防雷爪和碳刷、叶片接闪器和雷击记录卡、接地汇流排导通检查；机组接地电阻测试。

（11）塔筒与基础。塔筒外观、塔筒内照明、爬梯和滑轨（或钢丝绳）；导电轨绝缘测试、电缆夹板的紧固、电缆接地紧固；基础混凝土外观、沉降观测。

（12）安全链。安全链上各按钮及开关的接线；安全链动作试验；安全防护设备；灭火器、安全标志；紧急逃生装置；滑轨、钢丝绳、塔筒爬梯、助爬器。

三、技术监督评价细则

风力机专业技术监督评价细则见表 3–26。

表 3–26　　　　　　　　　　　风力机专业技术监督评价细则

序号	检查项目	评价内容与要求
1	叶轮	
1.1	叶片	
1.1.1	叶片运行情况	查看设备台账、运行记录、缺陷记录、巡视记录、定检记录、相关报告及现场检查，要求： （1）叶片表面无裂纹、鼓包、凹坑、涂层脱落等缺陷。 （2）叶片运行中内部无明显异声。 （3）叶片防雷装置完好。 （4）用于检修的风轮方位锁定装置功能正常。 （5）定桨距风机的叶尖扰流器（气动刹车）动作正常。 （6）叶片运行符合标准要求。 （7）叶片巡检记录齐全
1.1.2	叶片检修、维护	查看设备台账、运行记录、缺陷记录、巡视记录、定检记录、相关报告及现场检查，要求： （1）叶片发现缺陷应能及时处理、消除。 （2）叶片检修、维护符合标准要求。 （3）叶片连接螺栓力矩校验应有记录。 （4）有缺陷能及时处理。 （5）叶片发生损伤，维修、更换有详细的维护、更换报告，报告应归档。内容应包括事件记录、原因分析、处理方案、恢复运行结果评价
1.2	轮毂	
1.2.1	外观	查看设备台账、运行记录、缺陷记录、巡视记录、定检记录、相关报告及现场检查，要求： （1）轮毂、导流罩外观完整无裂纹。 （2）防腐层无脱落。 （3）螺栓无松动
1.2.2	维护	查看设备台账、运行记录、缺陷记录、巡视记录、定检记录、相关报告及现场检查，要求： （1）连接螺栓应有力矩检查记录，记录应齐全。 （2）轮毂维护工作应符合标准要求。 （3）轮毂存在缺陷时应能及时处理、消除。 （4）巡检、消缺记录齐全

序号	检查项目	评价内容与要求
2	机舱和塔架	
2.1	机舱	查看设备台账、运行记录、缺陷记录、巡视记录、定检记录、相关报告及现场检查，要求： （1）检查机舱密封性完好（逃生孔、检查孔密封性完好，开启方便）。 （2）机舱上部出舱盖板紧固牢靠，螺钉无松动和缺失。 （3）机舱各结构部分紧固螺栓紧固牢靠，螺钉无松动和缺失。 （4）机舱内照明良好。 （5）机舱加热器工作正常。 （6）机舱内所有转动部件的安全护罩完好，并与其他部件保持有效距离。 （7）机舱内提升机功能正常。 （8）机舱内部无易燃杂物，踏板无油污。 （9）维护工作应符合标准要求。 （10）存在缺陷时应能及时处理、消除。 （11）巡检、消缺记录齐全
2.2	塔架	查看设备台账、运行记录、缺陷记录、巡视记录、定检记录、相关报告及现场检查，要求： （1）塔筒门、塔壁焊接部位无裂纹。 （2）塔架螺栓无锈蚀且按要求进行紧固。 （3）塔身防腐完好，无脱漆现象。 （4）塔筒内照明良好。 （5）塔架垂直度符合技术标准要求。 （6）攀登设备防坠落保护可靠，塔架安全装置完好（盖板、护栏等）。 （7）机位标志和塔内安全标志清晰、齐全。 （8）塔架梯子、平台、电缆支架、防风挂钩、门、锁、灯、开关等无异常。 （9）维护工作应符合标准要求。 （10）存在缺陷时应能及时处理、消除。 （11）巡检、消缺记录齐全
3	传动系统	
3.1	主轴及主轴承	查看设备台账、运行记录、缺陷记录、巡视记录、定检记录、相关报告及现场检查，要求： （1）主轴及轴承部件无磨损、腐蚀、裂纹，运行中应无异响。 （2）主轴轴承温度正常，润滑良好，主轴润滑油泵油位正常。

序号	检查项目	评价内容与要求
3.1	主轴及主轴承	（3）主轴转速传感器工作正常。 （4）主轴振动未超标。 （5）维护工作应符合标准要求。 （6）存在缺陷时应能及时处理、消除。 （7）巡检、消缺记录齐全
3.2	齿轮箱	
3.2.1	齿轮箱本体	查看设备台账、运行记录、缺陷记录、巡视记录、定检记录、相关报告及现场检查，要求： （1）齿轮箱无渗漏油现象。 （2）齿轮箱内部齿轮无损伤、断齿等现象，主轴弹性支撑完好。 （3）齿轮箱连接螺栓无松动。 （4）定期检测齿轮箱油质，油质检测合格。 （5）齿轮箱振动未超标。 （6）齿轮箱油加热或冷却系统工作正常。 （7）齿轮箱油过滤器、呼吸器、散热器工作正常。 （8）齿轮箱轴承润滑系统工作正常。 （9）齿轮箱空气过滤器应定期检查清洗。 （10）维护工作应符合标准要求。 （11）存在缺陷时应能及时处理、消除。 （12）巡检、消缺记录齐全
3.2.2	温度、压力	查看设备台账、运行记录、缺陷记录、巡视记录、定检记录、相关报告及现场检查，要求： （1）齿轮箱温度、齿轮箱油压、油位和油温在规定范围内。 （2）轴承无超温报警
3.2.3	滤芯	查看设备台账、运行记录、缺陷记录、巡视记录、定检记录、相关报告及现场检查，要求： （1）滤芯内干净，无铁屑。 （2）滤芯定期更换
3.3	联轴器	查看设备台账、运行记录、缺陷记录、巡视记录、定检记录、相关报告及现场检查，要求： （1）联轴器外观无裂纹。 （2）联轴器的同心度符合要求。 （3）联轴器的运行位移符合规定值。 （4）所有连接件螺栓无松动和锈蚀。 （5）维护工作应符合标准要求。 （6）存在缺陷时应能及时处理、消除。 （7）巡检、消缺记录齐全

续表

序号	检查项目	评价内容与要求
3.4	发电机	查看设备台账、运行记录、缺陷记录、巡视记录、定检记录、相关报告及现场检查，要求： （1）发电机轴承温度正常。 （2）润滑良好，无油脂渗漏。 （3）发电机转速传感器工作正常。 （4）外部风扇正常，排风管道无堵塞。 （5）发电机编码器、集电环、碳刷正常。 （6）发电机无异响和振动超标现象。 （7）维护工作应符合标准要求。 （8）存在缺陷时应能及时处理、消除。 （9）巡检、消缺记录齐全
4	主控系统	查看运行记录、缺陷记录、巡视记录、相关报告及现场检查，要求： （1）控制系统控制和保护功能应完好，动作应正常。 （2）位置、转速、位移、温度、压力、振动、方向等传感器能够正确显示和参与控制及保护。 （3）风力机的实际功率曲线与设计功率曲线偏差有计算、记录。 （4）维护工作应符合标准要求。 （5）存在缺陷时应能及时处理、消除。 （6）巡检、消缺记录齐全
5	变流系统	查看设备台账、运行记录、缺陷记录、巡视记录、定检记录、相关报告及现场检查，要求： （1）变流变频系统接线正常，无松动。 （2）变流变频系统内部重要部件温度正常，无超温现象，冷却效果良好。 （3）加热及冷却装置正常。 （4）维护工作应符合标准要求。 （5）存在缺陷时应能及时处理、消除。 （6）巡检、消缺记录齐全
6	变桨系统	查看设备台账、运行记录、缺陷记录、巡视记录、定检记录、相关报告及现场检查，要求： （1）变桨轴承表面防腐层无脱落，变桨轴承和驱动装置的表面清洁。 （2）变桨轴承（内圈、外圈）密封良好。 （3）变桨齿轮齿面无损坏、锈蚀。 （4）电动变桨系统的电动机运行正常无过热、振动及噪声

序号	检查项目	评价内容与要求
6	变桨系统	（5）变桨齿轮箱油位正常，变桨齿轮箱无渗漏油，变桨齿圈润滑系统工作正常。 （6）检查变桨小齿轮与变桨齿圈的啮合间隙。 （7）变桨同步正常。 （8）变桨控制柜、轮毂之间缓冲器（易损件缓冲块）磨损后能及时更换。 （9）各撞块螺栓紧固无松动。 （10）维护工作应符合标准要求。 （11）存在缺陷时应能及时处理、消除。 （12）巡检、消缺记录齐全
7	液压和制动系统	
7.1	液压系统	查看设备台账、运行记录、缺陷记录、巡视记录、定检记录、相关报告及现场检查，要求： （1）液压系统（液压油泵、管道焊缝、软管、接头等处）密封良好无渗油，油压和油位在规定范围内。 （2）液压系统运行过程无异常响声。 （3）液压站蓄能器工作应正常。 （4）液压系统油质定期检验且合格。 （5）维护工作应符合标准要求。 （6）存在缺陷时应能及时处理、消除。 （7）巡检、消缺记录齐全
7.2	制动系统	查看设备台账、运行记录、缺陷记录、巡视记录、定检记录、相关报告及现场检查，要求： （1）叶尖制动系统液压缸无泄漏。 （2）高速轴制动盘和制动块（闸垫）间隙应满足厂家规定值。 （3）高速轴制动器刹车片厚度正常。 （4）高速轴制动块磨损情况良好。 （5）高速轴制动盘无松动、无磨损和裂纹。 （6）维护工作应符合标准要求。 （7）存在缺陷时应能及时处理、消除。 （8）巡检、消缺记录齐全
8	偏航系统	查看设备台账、运行记录、缺陷记录、巡视记录、定检记录、相关报告及现场检查，要求： （1）偏航自动解缆装置运行正常，电缆无绞缠情况。 （2）偏航轴承密封良好无渗漏，齿轮表面无损坏和锈蚀，雷电保护装置完好。

序号	检查项目	评价内容与要求
8	偏航系统	（3）偏航齿轮箱油位正常，无渗漏，运行中无异响；偏航电动机无超温，运行中无异响。 （4）偏航刹车盘上无油污，刹车片、刹车盘厚度满足厂家要求，刹车盘表面完好，声音正常。 （5）手动偏航功能正常。 （6）偏航系统连接螺栓无松动、锈蚀。 （7）维护工作应符合标准要求。 （8）存在缺陷时应能及时处理、消除。 （9）巡检、消缺记录齐全
9	检修及技术改造	
9.1	定检维护	查看风力机定检维护记录，要求： （1）定期维护周期符合技术标准要求。 （2）定期维护项目齐全，符合技术标准要求。 （3）定期试验项目、方法、结果符合技术标准要求。 （4）定期维护发现的缺陷应及时处理。 （5）维护记录完整，检查记录填写规范、详实。 （6）记录齐全并符合要求。 （7）维护记录应及时记录发现的不符合项，并由风电场验收人员签字确认
9.2	大部件检修更换	风力发电机组大部件的解体、修理和安装工作应符合以下要求： （1）检修过程应严格按技术措施进行作业。 （2）设备解体后如发现新的缺陷，应及时补充检修项目，落实检修方法，并修改施工进度表和调配必要的工具等。 （3）应保留解体、修理和安装过程的图片资料。 （4）检修工作完成后，应编写风力发电机组大型部件检修总结报告，并进行归档
9.3	定期试验	风力发电机组应至少每年开展一次以下试验：UPS电源检测、液压系统测试、安全链功能测试、变桨系统功能检查、测风系统测试、蓄电池（或超级电容）测试等

续表

序号	检查项目	评价内容与要求
9.4	技术改造	（1）风力发电机组技术改造前，应编制技术改造方案，并应报相关主管部门审批或核准。 （2）风力发电机组技术改造完成后，应及时进行验收，同时对改造后风力发电机组的运行状况进行评估

第八节　风力发电场监控自动化监督

一、监督目的、范围、指标要求等

（一）监督目的

监控自动化技术监督的目的是对监控自动化设备进行设计选型、安装调试和运行维护全过程监督，使上述设备和系统处于完好、准确、可靠、稳定的运行状态。

（二）监督范围

监控自动化监督规定了风电场在设计选型、安装调试、运行维护阶段风机控制系统、风机监控系统、风电功率预测系统、振动监测系统、消防报警系统、视频语音系统、综合自动化系统、远程监控系统和安全防护的监督，以及监控自动化监督管理要求、评价与考核标准，这些内容是风电场监控自动化监督工作的基础，也是建立监控自动化技术监督体系的依据。

（三）指标要求

1. 风力发电机组控制系统

（1）检测参数合格率为99%。

检测参数合格率计算公式为

检测参数合格率 = 1-［统计期内风场更换测量元件总数 ÷（风机测量元件总数 × 风机台数）］× 100%

（2）保护投入率为100%。

保护投入率计算公式为

保护投入率 =（正常投用风力发电机组台数 ÷ 风力发电机组总数）× 100%

若统计期内出现因信号屏蔽、短接、强制等人为软、硬件原因屏蔽保护停机功能，则认为统计期内该风力发电机组保护功能未正常投用。

（3）自动投入率为 100%。

自动投入率计算公式为

自动投入率 =（正常投用风力发电机组台数 ÷ 风机总数）× 100%

若统计期内出现通过信号屏蔽、强制、短接或硬件改动等方式强制风力发电机组运行，则认为统计期内该风力发电机组自动控制功能未正常投用。

2. SCADA 系统

（1）系统畅通率不低于 99%。

系统畅通率计算公式为

系统畅通率 =1-（SCADA 系统通信异常小时数 ÷ 统计小时数）× 100%

统计期内出现风力发电机组通信中断、闪断、数据更新迟缓等均认为系统通信异常，非本系统因素造成的受累通信中断除外。

（2）系统可用率不低于 98%。

系统可用率计算公式为

系统可用率 =（SCADA 系统无故障工作小时数 ÷ 统计小时数）× 100%

（3）设备供电可用率为 100%。

设备供电可用率计算公式为

设备供电可用率 =（SCADA 系统实际供电小时数 ÷ 统计小时数）× 100%

3. 风电功率预测系统

风电功率预测系统被考核率不低于 80%。被考核率计算公式为

被考核率 =（风电功率预测系统被考核天数 ÷ 统计天数）× 100%

4. 振动监测系统

振动监测系统测点完好率不低于 99%。测点完好率计算公式为

测点完好率 =1-[测点故障小时数 ÷（统计小时数 × 测点总数）]× 100%

二、全过程监督的要点

（一）设计选型阶段

在设计选型阶段，监控自动化监督应重点关注通信设备、自动化装置、监控系统的新建、改建、扩建工程设计单位的资质，参与并跟踪设计审查工作，及时干预低于强制性条文的设计，做到风险前置、风险预控。技术监督服务单位应指导技术监督网络成员单位做好监控自动化设备及系统设计选型过程的检验、检查工作。

1. 风力发电机组控制系统

（1）运行监测功能。风力发电机组控制系统运行监测功能主要包括数据采集与处理、参数监视与保护、人机交互、事件与故障信息记录、数据连续记录等。监督重点要求如下：考虑整机设计安全要求，在机组停机后，允许自启动（复位）的次数应有限制，以防止潜在风险的发生。针对不同故障，在设定时间内自身发生的自启动（复位）

次数需要限制。一旦人为复位、启动动作发生，则自启动（复位）次数保护的状态应被清除。控制系统应能自动在本地记录若干条最近发生的关键事件、故障信息以及相关记录的条数，由设备生产厂家结合自身设备特点确定控制系统应具备的数据记录功能。在机组发生事故（故障）时，应能对关键信息进行连续记录，且记录采样间隔应与控制扫描周期相匹配。数据记录长度方面，事故前能反映事故异常产生的过程，事故后应能记录一个完整的停机过程。单个故障监测禁用时，应能在就地人机交互界面（HMI）和风机监控系统后台中提示告警。通过控制柜维护开关应能够使机组进入维护状态，并具备明确的故障检修和机组定检状态区分。

（2）基本控制功能。风力发电机组主控系统应能够通过现场总线实现与变流器、偏航系统、变桨系统的协作控制，实现风机电磁转矩调节、偏航对风、桨叶开度调整等。其基本控制功能至少包括启动控制、停机控制、并网控制、变速控制、恒功率控制、偏航控制、解缆控制等。监督重点要求如下：风力发电机组启停操作安全等级设计应满足"风机现地＞SCADA 系统＞远程监控系统＞自动"的要求。偏航系统操作等级应满足"机舱手动偏航＞塔基手动偏航＞SCADA 系统手动偏航"的要求，并具备偏航方向监测功能。变桨系统应具备手动变桨开关，可分别对每个桨叶进行点动控制。同一时刻只允许对一个桨叶进行控制，并在其回到安全位置后才能驱动另一个叶片。变桨后备电池组的容量应满足在桨叶规定载荷情况下完成 3 次紧急顺桨动作的要求，变桨后备电容器组的容量应满足桨叶在规定载荷情况下完成 1 次以上紧急顺桨动作的要求。

对于海上风力发电机组控制系统宜考虑电控系统、通信设备和关键传感器和测量回路的冗余设计，以提高机组可靠性和持续运行能力。应具备远程故障诊断接口，例如使用数据分析系统或远程视频系统确定机组故障状态，提升远程维护和就地维护效率。控制系统应具备远程控制权限分级功能，不同的远程控制权限可执行不同的远程控制功能，如远程手动偏航、远程风轮制动、远程更新控制程序、远程重启控制系统等。在规定的远程控制权限下，基于充分的故障诊断分析，可执行有限次的远程安全链复位，一天内连续复位安全链不宜超过 3 次。

（3）高级控制功能。根据现场运行环境和运行工况，合理采用高级控制功能，如发电优化控制（暴风控制、空气密度补偿控制）、载荷优化控制（传动链阻尼控制、塔架加速度反馈控制、独立变桨控制、柔性塔架控制、净空控制、扇区控制等）、电网适应性控制（有功功率调节、无功功率调节、故障电压穿越等）、环境适应性控制（台风运行控制、叶片结冰运行控制、降噪运行控制等）等。

（4）其他功能要求。控制系统应设有硬件时钟电路，在电源失效的情况下，硬件时钟应能正常工作，精度应满足 24h 误差不大于 1s，并且支持授时和时间同步功能。在电网失电的情况下，控制系统备用电源应能独立供电，确保控制系统有足够的时间控制变流器和变桨系统执行安全停机，并完成相关故障数据的记录。

（5）安全保护。在机组过转速、过振动、人工急停、控制系统失效等情况下应启动安全链紧急停机保护。安全系统故障为不可自恢复故障（如安全保护系统触发、机械制动器磨损超限、大部件故障等）。安全系统故障复位应采取强制手动方式，即只有在排除故障后进行手动操作后才能解锁风机重启。

2. 风力发电机组监控系统

风力发电机组监控系统站控层应采用 C/S 结构，服务器宜采用冗余配置，通过热备用工作方式实现故障自动切换。服务器应配置可热插拔的冗余硬盘驱动器、冗余的电源和冗余的风扇。单台服务器接入的环路不宜多于 7 个，监控的风机总台数不宜超过 50 台。服务器应配置实时和历史数据库，数据库标签总量应根据风电场机组规模配置，风机运行参数、报警、故障信息应存储在数据库中，历史数据保存时间应不小于 3 年，并支持数据文件的备份、恢复功能。数据库载体宜使用独立磁盘冗余阵列。服务器宜通过 NTP 等方式接收站内主时钟输出的授时报文，各风机控制系统宜与监控系统服务器对时。监控系统间隔层网络拓扑宜采用环形结构，物理介质宜采用单模光缆，备用光纤数量应大于在用光纤数量，备用光纤应熔接好尾纤，光纤标志应整齐、清晰、准确。

3. 风电功率预测系统

风电功率预测系统数据采集应至少包括数值天气预报数据、测风塔实时测风数据、风电场实时功率数据、机组状态数据和计划开机容量数据。其中测风塔风速风向采集量至少需要 4 层，即 10m 高度、50m 高度、风电机组轮毂高度附近和测风塔最高层，温度、湿度和气压传感器应安装在 10m 高度附近。

短期风电功率预测应能预测次日零时起 72h 的风电输出功率，时间分辨率为 15min。超短期风电功率预测应能预测未来 15min ～ 4h 的风电输出功率，时间分辨率不小于 15min，每 15min 自动执行一次。系统数据上报应满足当地电力调度机构的要求，定时向调度端上报预测数据、测风数据及机组运行状态数据。

风电功率预测系统应满足电力二次系统安全防护规定的要求，至少应配置数值天气预报服务器、系统应用服务器、反向隔离装置、硬件防火墙以及操作员站。

4. 升压站综合自动化系统

风电场综合自动化子系统包括数据采集与监控子系统、远动装置（RTU）、电力调度数据网接入设备和二次系统安全防护设备、自动发电控制（AGC）和自动电压控制（AVC）子系统，以及相关辅助子系统，如调度电话、调令平台，GPS 卫星时钟，防止电气误操作系统，远动通道检测和配线柜等。监督重点要求如下：

（1）信息采集应按照"直调直采、直采直送"的原则设计，信息采集、接口和远动规约应满足当地电网调度端系统要求。风电场端与调度端远动系统的通信可采用网络和专线相结合的方式，调度数据网络和专线通信通道技术要求应满足 DL/T 5003—2017《电力系统调度自动化设计规程》的要求。远动设备应采用冗余配置的不间断电源或站内直流电源供电，具备双电源模块的设备，两个电源模块应由不同电源供电。

（2）AGC 子系统应具备有功功率控制功能或频率调节功能，应能接收并执行电网调度部门发送的有功功率控制指令或频率调节指令，调节风机包括发出启停控制指令或分配有功功率控制指令，并能实时上送全站有功功率的输出范围、有功功率变化率、有功功率等信息。

（3）AVC 子系统应具备无功功率控制功能或电压调节功能，应能接收并执行电网调度部门发送的无功功率控制指令或电压调节指令，调节风机包括发出启停控制指令或分配无功功率或功率因数控制指令，调节手段应包括调节升压变压器变比、调节风机无功输出和控制无功补偿装置等，并能实时上送全站无功功率的输出范围、无功功率等信息。

（4）风电场应配备全站统一的卫星时钟设备和网络授时设备，对站内各种系统和设备的时钟进行统一校正。变电站监控系统防止电气误操作功能应符合 DL/T 1404—2015《变电站监控系统防止电气误操作技术规范》的技术要求。

5. 网络安全防护

风电场电力监控系统安全防护应符合《电力监控系统安全防护总体方案》（国能安全〔2015〕36 号）文件要求，防护总体原则是"安全分区、网络专用、横向隔离、纵向认证、综合防护"。风电场监控系统安全分区配置应满足表 3-27 的要求，系统总体框架图如图 3-7 所示。不存在外网联系的孤立业务系统，对安全分区无特殊要求。

表 3-27　　　　　　　　　　风电场监控系统安全分区配置要求

序号	业务系统及设备	控制区	非控制区	管理信息大区
1	风电场监控系统	风机监控、风电场监控	—	—
2	无功电压控制	无功电压控制功能	—	—
3	发电功率控制	发电功率控制功能	—	—
4	升压站监控系统	升压站监控功能	—	—
5	相量测量装置 PMU	PMU	—	—
6	继电保护	继电保护装置及管理终端	—	—
7	故障录波	—	故障录波装置	—
8	电能量采集装置	—	电能量采集装置	—
9	风电功率预测系统	—	风电功率预测	—
10	状态监测系统	—	风机状态监测	—
11	测风塔系统	—	—	测风塔
12	天气预报系统	—	—	数字天气预报
13	管理信息系统 MIS	—	—	管理信息系统

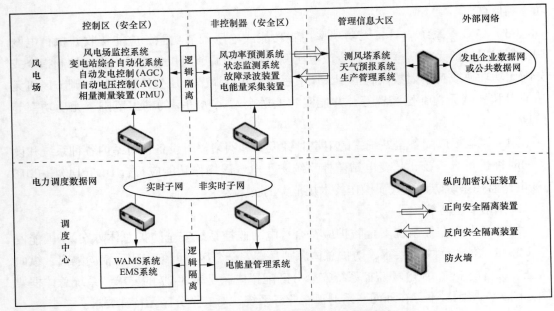

图 3-7　风电场监控系统安全防护总体框架

如图 3-7 所示，生产控制大区与管理信息大区间必须设置经国家指定部门检测认证的电力专用横向单向安全隔离装置。生产控制大区内部的安全区之间应当采用具有访问控制功能的网络设备、防火墙或者相当功能的设施，实现逻辑隔离。生产控制大区与调度数据网纵向连接处应当设置经过国家指定部门检测认证的电力专用纵向加密认证装置或加密认证网关及相应设施，实现双向身份认证、数据加密和访问控制。

另外，风电场应从监控系统主机与网络设备加固、恶意代码防范、应用安全控制、审计、备份及容灾等多个层面开展信息安全防护工作，提高综合防护水平。禁止设备生产厂商或其他外部企业（单位）远程连接生产控制大区中的业务系统及设备。

（二）安装调试阶段

在安装调试阶段，监控自动化监督应重点对系统与设备新建、扩建、改建工程的项目施工单位和监理单位的施工资质、监理资质进行监督，对发现的安装、调试质量问题应及时予以指出，要求限时整改。对重要设备应按照订货合同和相关标准等进行验收，并形成验收报告，重点检查可能影响重要电子设备防尘、防潮，电子元器件精度等情况。

安装与调试工作开展前，应对施工单位编制的安装施工和调试施工方案进行审核，提出对施工单位的工作要求，如施工方案需明确安装方法与质量要求以及调试项目与质量控制指标，施工方案应经监理单位和项目实施主管单位审批。安装实施工程监理时，应对监理单位的工作提出监控自动化监督的意见，如要求监理方派遣工作经验丰富的监理工程师常驻施工现场，负责对安装工程全过程进行见证、检查、监督，以确保设备安装质量。调试工作结束后，对调试单位编制的调试报告进行监督，包含各调试项目开展情况、测试数据分析情况及调试结论。对不满足国家、行业相关技术指标的，应提出整改方案并监督实施。

监督重要设备的主要试验项目应由具备相应资质和试验能力的单位进行试验；对安装和调试工作不符合监控自动化监督要求的问题，应要求立即整改，直至合格。

风力发电机组控制系统离网调试应满足下列要求：确认系统接线正确，等电位连接、接地连接紧固。逐级供电，测量电压、相序正常，并对备用电源进行切换测试。检查主控系统与各子系统通信状态，并进行通信中断测试。对安全链保护功能进行模拟测试。对每片桨叶校准零位，检查接近开关、限位开关，测试手动变桨和后备电源顺桨功能。测试变桨系统限位保护、断电保护、通信保护等所有保护功能。测试温控功能，并核对温、湿度开关定值。

风力发电机组控制系统并网调试应满足下列要求：核对控制系统各测量值，检查系统设定值，确认变桨、变流系统运行方式。将预设文件下载至变流器，变流系统切入调试模式，手动进行预充电测试和断路器分合测试。启动主控制器，排查自检过程中的报警信息。启动状态下按照转速由低至高，进行恒转速控制测试，观察转速、桨距角、偏航角度等系统各参数是否合理。开展机组手动、自动并网测试，观察各项参数和各设备运行是否正常。

在额定功率以下设定限功率值，开展限功率测试，观察功率、转速、桨距角等系统各参数是否合理。风力发电机组控制系统状态码应与控制系统版本保持一致，版本变化时应提供状态码变更说明；提供故障限值、复位值、延时等定值及判断逻辑说明。风力发电机组监控系统数据库、应用软件应符合设计要求，各项功能测试正常；服务器正常负荷率应低于30%，网络正常负荷率应低于20%，监控系统对时精度误差应不大于1ms。进行风力发电机组监控系统备份数据恢复性试验，检查并验证数据备份的可恢复性和完整性。

风功率预测系统数值天气预报数据、测风塔实时测风数据、风电场实时功率数据、机组运行状态数据接收应完整，数据应合理无异常。超短期预测、短期预测、数据存储、统计分析等各项功能应正常，数据定时上报功能正常，调度端接收正常。

监控系统用户名、密码应符合安全要求，口令长度应不小于8位，且为字母、数字或特殊字符的混合组合，权限应分为管理员权限、用户权限、审计权限；系统内应禁用E-mail、Web、Telnet、Rlogin、FTP等安全风险高的通用网络服务，配置策略应细化至IP地址（段）、端口级。生产控制大区的各业务系统主机的空闲USB接口、串行口、无线、蓝牙等应禁用或拆除。

（三）运行维护阶段

在运行维护阶段，监督自动化监督应重点关注监控自动化巡检制度、巡检维护记录、巡检过程中发现的问题及缺陷处理情况是否完备。核实监控自动化系统及各类设备软件、数据备份管理制度是否建立，备份、存档记录是否完备。明确监控自动化系统及各类设备软件、数据修改制度是否建立，系统软件、数据修改记录是否完备。应当注意监控自动化系统和设备定值应定期复核，系统参数、版本发生变化、主设备技术参数变更、运行控制方式变化、运行条件变化时，相应设备定值应对照国家、行业规程、标准、制度以及设备运行参数进行重新整定并经多级审批后执行。对监控自动化系统及设备应急预案和故障恢复措施应进行监督监管，检查反事故演习情况、病毒防范和安全防护工作落实情况是否到位。

1. 风力发电机组控制系统

运行维护中应加强对风力发电机组控制系统下列项目的检查：检查控制柜内密封情况，防止小动物进入柜内，造成设备或线缆损坏。检查控制柜内散热风扇运行情况，温度较高时散热风扇应正常启动。低温时应注意加热器的运行情况，湿度较大时宜优先启动加热器防止出现冷凝。检查各设备指示灯正常，无异响、异味。确认接线和插件紧固无松动，各设置开关设置正确，必要时可对端子排进行红外成像检查。

风机维护时应核对控制系统软件版本，检查账户权限，查看用户日志和控制系统存储卡记录数据是否完整，并可定期备份记录数据。严格执行设备保护定值、控制参数及程序修改的审批制度，风力发电机组运行期间不允许屏蔽控制系统的任何保护或擅自改动任何保护定值。

2. 风力发电机组监控系统

风力发电机组监控系统应至少每半年备份一次历史数据库、应用软件及配置信息，做好备份记录，并异地保存。

3. 风功率预测系统

风功率预测系统应每日查看实时功率数据、测风塔数据、数值天气预报数据接收是否完整合理，若缺失或异常数据较多，应检查数据传输通道状态、软件模块状态等是否正常。系统数据上报率、预测准确率等应满足当地电网"两个细则"《发电厂并网运行管理实施细则》《并网发电厂辅助服务管理实施细则》考核要求。

4. 升压站综合自动化系统

风电场在进行综合自动化系统有关工作时，如影响到调度数据上送功能，应按规定提前通知对其有调度管辖权的调度机构自动化值班人员，自动化值班人员应及时通知值班调度员，获得准许并办理有关手续后方可进行。对运行中的自动化系统、设备、数据网络配置、软件或数据库等作重大修改时，应经过技术论证，提出书面改进方案，经主管领导批准和相关调度机构确认后方可实施。风电场等级保护工作应符合当地电网调度机构要求，委托评估机构开展评估检查或定期组织自评估。定期查看网络设施、主机系统安全日志，分析记录违反网络安全策略的行为，检测网络、主机的恶意代码并保存检测记录。

三、技术监督评价细则

监控自动化专业技术监督评价细则见表3-28。

表 3–28　　　　　　　　　　　　监控自动化专业技术监督评价细则

序号	评价项目	评价内容与要求
1	风力发电机组控制系统	
1.1	数据采集功能	（1）采集测点齐全，采集精度满足标准要求。 （2）各项参数检测正确无异常
1.2	故障监测及安全保护功能	（1）故障监测及安全保护功能应满足标准要求，应能准确做出相应告警或停机操作。 （2）状态码与控制系统版本一致，有故障定值及判断逻辑说明。 （3）故障监测禁用时，应有告警提示
1.3	运行控制功能	（1）启动、停机、功率、偏航、变桨、变流器、液压、温控系统等控制功能及其优先级应能满足机组安全、高效运行和当地电网相关要求。 （2）提供基本控制流程图和控制参数表
1.4	电源配置	风机主控备用电源应至少满足独立供电不少于 30min，应按照厂家要求的周期更换主控 PLC 电池。变桨系统备用电源应至少满足 3 次紧急顺桨动作的要求
1.5	安装调试监督	（1）查看控制系统出厂试验报告，出厂试验应合格。 （2）查看风力发电机组调试报告，调试项目齐全，各部件功能测试正常，软件版本、控制参数、输入输出信号核对正确
1.6	运行维护监督	（1）查看机组巡检、定检维护记录，控制系统运行维护项目齐全、方法正确、记录规范。 （2）机组保护定值、控制参数及软件版本管理规范，保护定值、控制参数及程序修改应执行审批制度
1.7	现场设备检查	现场查看机组控制系统，各传感器、模块安装紧固、运行正常、参数配置正确，无信号短接现象，控制柜接地牢固可靠
2	风力发电机组监控系统	
2.1	电源配置	查看监控系统供电电源是否独立、冗余配置且运行正常，备用电源维持系统正常工作时间应不少于 2h
2.2	服务器配置	服务器冗余配置且热备用方式运行，应配置冗余的硬盘驱动器、冗余的电源和冗余的风扇
2.3	网络配置	间隔层采用环形结构，备用光纤已熔接好尾纤，标志清晰，单台风机离线不影响其他风机通信
2.4	时钟对时	监控系统服务器宜通过 NTP 等方式接收站内主时钟输出的授时报文，各风机控制系统宜与监控系统服务器对时

序号	评价项目	评价内容与要求
2.5	画面显示	实时数据刷新周期不宜超过 1s，调用一幅画面的时间不宜超过 2s，各项参数显示正确
2.6	故障报警	故障信息准确，支持首出功能，并能显示故障时间、故障代码、代码释义及触发条件
2.7	数据存储	检查是否配置历史数据库及管理系统，3 年内历史数据是否有丢失
2.8	统计分析及报表功能	检查各项统计分析参数是否正确，报表功能是否正常，是否支持用户自定义报表、各类计算公式编写功能
2.9	接地	盘柜内各设备保护接地应牢固可靠，不允许串联接地
2.10	运行维护	（1）按要求对监控屏柜内设备运行状态进行巡检、清灰等工作。 （2）按要求对历史数据、应用软件及配置信息开展备份
3	风电功率预测系统	
3.1	数据采集	数值天气预报数据、测风塔数据、实时功率数据、机组状态数据采集测点、周期应符合标准要求，数据正确无异常
3.2	硬件配置	至少应配置数值天气预报服务器、系统应用服务器、反向隔离装置、硬件防火墙以及操作员站，各设备运行正常无告警，屏柜内线缆排布整齐、美观，标志清晰牢固
3.3	软件功能	（1）气象数据、功率数据、运行参数、预测误差的统计分析及可视化功能正常。 （2）预测指标、数据报送满足调度要求。 （3）历史数据保存完整无丢失，定期进行备份并异地存储
4	安全防护	
4.1	边界防护	全站监控系统应满足"安全分区、网络专用、横向隔离、纵向认证、综合防护"的原则，边界防护设备配置齐全，并进行相应的防护策略配置，禁止非法外联
4.2	访问控制	（1）系统用户名、密码应符合安全要求，口令长度应不小于 8 位，且为字母、数字或特殊字符的混合组合，权限应分为管理员权限、用户权限、审计权限。 （2）生产控制大区的各业务系统主机的空闲 USB 接口、串行口、无线、蓝牙等应禁用或拆除。 （3）生产控制大区和管理信息大区设备系统日志、运行日志、审计日志等日志记录功能正常
4.3	运行维护	建立机房安全管理、设备（介质）安全管理、备份和恢复安全管理的管理制度，定期对网络设施、主机系统进行检查，根据当地电网调度机构要求开展等级保护评估工作

第四章

风力发电机设备定期检修

风力发电机设备定期检修项目、内容、周期见表 4-1。

表 4-1 风力发电机设备定期检修项目、内容及周期

序号	项目	内容	周期			要求
			半年	1 年	3 年以上	
一、叶片						
1	叶片表面检查	（1）叶片表面裂纹检查。（2）叶片表面腐蚀检查。（3）叶片表面其他损伤检查	√			望远镜目视检查，无腐蚀、损伤、脱漆现象，应无裂纹
2	叶片法兰盘防雨罩检查	目视检查叶片法兰盘与叶片壳体间密封	√			应无雨水浸漏现象
3	叶片雷击损伤	目视检查叶尖部位及接闪器	√			应无裂纹、火烧痕迹；叶片缓慢旋转时不应发出咔嗒声
4	检查叶片异响	检查叶片异响	√			叶片应无异响。如发现叶片存在异响，查找叶片异响来源，并进行处理
5	叶片根部盖板安装	检查根部盖板安装是否牢固，打开盖板，外观检查叶片内部，紧固松散的零件		√		应安装牢固

序号	项目	内容	周期			要求
			半年	1 年	3 年以上	
6	清除叶片内杂物	检查叶片内是否有杂物		√		叶片内部如果有杂物，将掉落的叶片残渣物进行清理
7	叶片连接螺栓	（1）叶片与变桨轴承连接螺栓力矩检查。（2）导流罩与轮毂连接螺栓力矩检查。（3）导流罩与导流罩支架连接螺栓力矩检查				按照制造厂维护手册给定力矩、检修周期紧固螺栓，每年抽检数量不低于20%，发现某一处螺母松动或未拧紧，必须拧紧所有的螺母，并通知风机制造厂服务部门
二、轮毂						
1	检查变桨轴承防腐	检查变桨轴承表面的防腐涂层是否有脱落现象	√			应无腐蚀、磨损。若有腐蚀，用油漆修复
2	检查变桨轴承内外密封	检查检查变桨轴承（内圈、外圈）密封是否完好，是否有裂纹、气孔和泄漏	√			应无裂纹、气孔和泄漏
3	检查轮毂与齿轮箱主轴连接螺栓	以规定的力矩检查变桨轴承与轮毂安装螺栓，每检查完一个，用记号笔在螺栓头处做一个记号				按照制造厂维护手册给定力矩、检修周期紧固螺栓，每年抽检数量不低于20%，发现某一处螺母松动或未拧紧，必须拧紧所有的螺母，并通知风机制造厂服务部门
4	检查变桨减速箱固定螺栓		√			按照制造厂维护手册要求紧固螺栓，全检
5	检查变桨轴承固定螺栓		√			
6	检查橡胶缓冲块固定螺栓		√			
7	检查变桨控制柜固定螺栓		√			

续表

序号	项目	内容	周期			要求
			半年	1 年	3 年以上	
8	检查变桨减速箱和变桨电动机的防腐	目视检查变桨减速箱和变桨电动机的防腐	√			应无锈蚀和油漆起皮、脱落
9	检查变桨轴承内齿圈和小齿轮齿面	目视检查变桨轴承内齿圈和小齿轮齿面	√			应无腐蚀、无齿面磨损、无断齿
10	清洁并润滑变桨轴承内齿圈和小齿轮齿面及啮合间隙	对齿轮、齿圈进行清洁,如果发现油脂中有残留物或颗粒,清洁转动装置并再次涂油脂。定期检查内齿圈和小齿轮啮合间隙。定期加润滑剂	√			应清洁无污物,润滑良好,啮合间隙在制造厂维护手册要求数值范围内。对于自动注油系统,确保自动注油系统对齿面在 0°～90° 可调范围内全部涂到
11	检查变桨轴承噪声	检查变桨轴承是否有噪声	√			应无噪声,如果有噪声,查找噪声来源
12	清洁并润滑变桨轴承	检查变桨轴承表面	√			应清洁无污物,润滑良好。若有油污或他污染物,应清理干净。对于自动注油系统,确保自动注油系统对齿面在 0°～90° 可调范围内全部涂到
13	检查变桨减速箱油位	检查变桨减速箱油位		√		油位应处于规定范围。润滑油到期限(推荐 5 年)强制更换
14	检查轮毂防腐	目视检查检查轮毂防腐层	√			应无腐蚀。若有腐蚀,用油漆修复
15	检查限位开关固定螺栓	检查限位开关固定螺栓	√			按制造厂维护手册紧固力矩要求检查。检查限位开关固定螺栓,应无松动
16	检查滑环及横向吊杆固定螺栓	检查集电环及横向吊杆固定螺栓	√			按制造厂维护手册紧固力矩要求检查。检查限位开关固定螺栓,应无松动
17	清洁集电环并检查防腐	根据集电环运行情况,清洁集电环并检查防腐				集电环洁净并无腐蚀

续表

序号	项目	内容	周期			要求
			半年	1 年	3 年以上	
18	检查轮毂清洁	检查轮毂清洁	√			轮毂表面应干净、无污物。 如有污物，用无纤维抹布和清洗剂清理干净
19	检查轮毂内接地	检查轮毂内接地	√			轮毂内接地情况良好
三、变桨系统						
1	检查照明	检查变桨照明是否工作正常	√			变桨照明工作正常
2	变桨控制柜	检查屏蔽线及与 PE 的连接	√			屏蔽线及与 PE 的连接良好
3		主要电气元件外观检查	√			电气元件外观良好
4		检查浪涌保护器是否动作	√			浪涌保护器外观良好、指示信号正常
5		检查所有电气元件是否安装牢固	√			电气元件安装牢固
6		检查柜内所有线路是否有松动及磨损	√			线路无松动及磨损
7		检查线缆的固定以及磨损情况	√			线缆固定、无磨损
8	变桨充电器	（1）外观检查。检查机身是否损坏、变形、生锈，检查风扇口及散热孔是否有堵塞现象，如有应进行清理。 （2）连接检查。在充电器断电的情况下，检查充电器各接线端子是否有松动、接触不良、电缆破损的现象。 （3）脱开充电器直流输出端子，给充电器通电后测量，检查充电器电压输出是否正常		√		机身无损坏、变形、生锈，风扇口及散热孔无堵塞；在充电器断电的情况下，充电器各接线端子无松动、无接触不良、无电缆破损；脱开充电器直流输出端子，充电器电压输出正常

续表

序号	项目	内容	周期			要求
			半年	1年	3年以上	
9	变桨电池柜	（1）外观检查。检查蓄电池是否有鼓包、漏液等现象，若有则整组更换电池。 （2）记录蓄电池出厂日期，检查蓄电池是否到达更换寿命。 （3）检查蓄电池组在柜内的紧固情况，检查电池组间短接线的紧固情况。 （4）检查蓄电池柜排气孔盖是否打开。 （5）端电压测试。 （6）电池内阻测试。 （7）加热器检查	√		√	蓄电池在使用寿命内，无鼓包、漏液等现象；蓄电池组紧固；蓄电池柜排气孔盖处于打开状态。蓄电池的端电压应当符合制造厂或相关标准，蓄电池使用3年的必须更换
10	编码器	检查并紧固编码器插头及编码器齿轮盘螺钉	√			编码器插头及编码器齿轮盘牢固
11	限位开关支架、挡板螺栓力矩	检查限位开关支架与轮毂连接螺栓力矩；检查并紧固叶片限位开关挡板与叶片连接螺栓力矩	√			依据制造厂家维护手册规定值
12	连接电缆插头	检查变桨控制系统各电缆插头是否固定牢靠；检查主控至变桨电源线、信号线是否捆扎牢靠，无摩擦、破损	√			电缆插头固定牢靠；电源线、信号线捆扎牢靠，无摩擦、破损
13	限位开关功能	分别手动变桨转动每支叶片，检查限位开关是否正常动作，限位位置是否正确，回桨是否正常	√			反馈信息正常，限位开关功能正常
四、齿轮箱						
1	螺栓连接	检查夹紧法兰与主机架连接螺栓	√			按照制造厂维护手册给定力矩、检修周期紧固螺栓

续表

序号	项目	内容	周期 半年	周期 1 年	周期 3 年以上	要求
2	螺栓连接	检查楔块与夹紧法兰的连接螺栓	√			按照制造厂维护手册给定力矩、检修周期紧固螺栓
3		检查楔块与主机架的连接螺栓	√			
4		检查油泵电动机支架与齿轮箱连接螺栓	√			
5		检查油泵电动机与电动机支架连接螺栓	√			
6		检查油冷过滤器固定螺栓	√			
7		检查避雷装置固定螺栓	√			
8		检查叶轮锁装置上螺栓	√			
9		检查齿轮箱接地螺栓	√			
10		检查齿轮箱箱体连接螺栓			√	
11	齿轮箱油位	在停机时，关闭齿轮箱润滑油泵，等待约30min后，检查齿轮箱油位	√			按齿轮箱厂规定要求执行，如齿轮箱油位应位于齿轮箱油位计玻璃窗的最高油位和最低油位之间，接近于标准油位处
12	齿轮箱润滑油	（1）润滑油外观检查。打开齿轮箱观察孔，检查齿轮箱油面无杂质、泡沫等，闻一闻是否有燃烧退化过的味道。（2）取油样化验（根据油样检验结果给出处理方案）		√		齿轮箱油面无杂质、泡沫，无异味等。油样化验依照国家行业企业相关标准或制造厂家的设备维护手册的标准执行。油样采样时应锁紧叶轮并按下紧急刹车，取样点应在进入过滤器前的排油口，取样前应先将排油阀及附件清洁干净，放油100mL后取样

续表

序号	项目	内容	周期			要求
			半年	1 年	3 年以上	
13	弹性支撑	使用手电筒等灯光设备检查弹性支撑橡胶部分及橡胶间隙部分是否有裂纹、剥离、变形、掉落橡胶粉末、弹性支撑外移等现象，如有及时报告和处理	√			无裂纹、无剥离、无变形、无掉落橡胶粉末、无弹性支撑外移
14	齿轮箱外观和异响	（1）检查齿轮箱表面的防腐涂层是否有脱落现象。 （2）在风机启动运行过程中，检查齿轮箱是否存在异响	√			齿轮箱表面的防腐涂层无脱落，齿轮箱运行无异响
15	油过滤器	检查油过滤器，清洗滤芯底部收集器，更换滤芯		√		（1）过滤器工作正常，依制造厂维护手册定期更换，建议 1 年期更换。 （2）滤芯的更换方法：打开放气螺钉释放过滤器的压力，通过安全塞打开盖板和空罐，垂直取出过滤器滤芯，更换新的过滤器滤芯
16	油冷却系统连接管路	检查油冷却系统连接管路密封性能	√			连接管路密封良好
17	油冷却器散热板	检查油冷却器散热板是否散热良好	√			油冷却器散热板工作正常。如果运行环境较差，应适当缩短检查周期
18	齿轮箱输入端、输出端及各管接口	检查齿轮箱输入端、输出端及各管接口是否渗漏	√			端口和接口无渗漏
19	接地碳刷	检查接地碳块磨损及滑道锈蚀情况	√			磨损程度满足要求、无锈蚀、无卡涩
20	齿轮箱空气滤清器	检查齿轮箱空气滤清器工作状况。取下空气滤过器上盖，检查齿轮箱空气滤清器油纸过滤式滤芯有无污秽或硅胶式干燥剂有无变色	√			无污秽、无变色

续表

序号	项目	内容	周期 半年	周期 1 年	周期 3 年以上	要求
21	齿轮箱内轮齿齿面	检查齿轮箱内轮齿齿面是否有磨损、点蚀、断齿		√		（1）无磨损、无点蚀、无胶合、无断齿。 （2）检查过程中严防异物掉落齿轮箱
22	齿轮箱集油盒	检查齿轮箱集油盒	√			集油盒无溢出、无渗漏
23	齿轮箱传感器	（1）转速传感器：检查转速传感器接头是否松动，安装是否牢固，检查测速盘是否变形。 （2）压力、温度传感器：在主控系统上观察齿轮箱压力、温度传感器是否工作正常，数据有无异常。 （3）振动传感器：检查安装是否牢固，检查弹性柱、接头情况	√			传感器接头无松动，安装牢固，工作正常，测速盘无变形，必要时进行测试校验
24	接线盒	检查接线盒内接线端子的紧力情况	√			接线端子牢固可靠
25	电加热器	手动启动电加热器，用钳形电流表测量单相电流是否正常	√			电加热器工作正常
26	齿轮箱润滑油泵	（1）检查油泵的接线情况。 （2）检查油泵表面的清洁度。 （3）检查油泵与过滤器的连接处是否漏油。 （4）检查油泵电动机，测量绝缘电阻	√			（1）油泵的接线正确牢固。 （2）油泵表面洁净。 （3）油泵与过滤器的连接处无漏油。 （4）油泵电动机绝缘合格，接线端子无松动，无异常声响
27	冷却风扇	（1）检查风扇、排气通道及周围有无损坏、污物。 （2）手动启动冷却风扇，检查风扇运行是否正常		√		风扇无损坏、无污物；风扇运行正常

续表

序号	项目	内容	周期			要求
			半年	1 年	3 年以上	
五、联轴器						
1	连接螺栓	（1）检查联轴器与制动盘连接螺栓。 （2）检查联轴器与发电机侧锁紧盘连接螺栓。 （3）检查联轴器本体螺栓（目视检查联轴器力矩限制器螺栓）。 （4）检查发电机侧锁紧盘螺栓。 （5）检查齿轮箱侧锁紧盘螺栓。 （6）检查联轴器罩安装螺栓。 （7）前、后端锁紧螺母处胀紧螺栓力矩。 （8）高速刹车盘止退螺栓力矩检查	√			依据制造厂家维护手册规定值
2	联轴器防腐	检查联轴器防腐情况		√		无腐蚀
3	联轴器前后端标记线	检查联轴器前、后端标记线是否有错位现象		√		无错位现象
4	同轴度及发电机对中	检查联轴器径向和角度偏差是否在正常工作范围内		√		依据制造厂家维护手册规定值
5	制动盘距发电机锁紧盘距离	检查测量高速制动盘距发电机锁紧盘距离是否在规定范围内		√		依据制造厂家维护手册规定值
6	检查弹性联轴器弹性膜片	检查弹性膜片变形或裂纹		√		弹性膜片无变形或裂纹
六、制动器						
1	制动器螺栓	检查制动器螺栓	√			依据制造厂家维护手册规定值

续表

序号	项目	内容	周期			要求
			半年	1 年	3 年以上	
2	制动器液压系统渗漏	检查制动器本体是否渗漏，检查制动器液压管路并紧固。如有泄漏油，应处理并清洁油污	√			制动器无渗漏油，制动器液压管路正常且紧固
3	刹车片	（1）测量制动盘与刹车片之间间隙是否在正常工作范围内，如过大或过小，应进行调整。（2）测量并记录刹车片厚度，如小于最小厚度，则需使用指定厂家及型号的刹车片进行更换	√			依据制造厂家维护手册规定值
4	制动盘	检查制动盘是否有磨损、变形、开裂、油污、高点等现象，如有则进行清洁、打磨或更换处理	√			无变形、无开裂、无过度磨损
5	刹车罩壳	检查高速刹车盘罩壳是否变形、破损、开裂		√		无变形、无破损、无开裂等
6	制动器表面	检查制动器是否清洁		√		制动器洁净
7	制动器功能	（1）在机组停机状态下，手动触发刹车，检查制动器能否正常动作并使得机组转速为零。（2）检查制动器动作是否迅速。若动作时间过长，则应对刹车油管进行放气操作	√			（1）制动器正常动作，且对应机组转速为零。（2）制动器动作迅速
七、主轴						
1	油污	（1）检查有无油脂溢出，清理主轴轴承处溢出油脂和集收盘中的油脂。（2）检查排出油脂颜色，检查铁屑	√			排出油脂颜色正常，无铁屑

序号	项目	内容	周期			要求
			半年	1 年	3 年以上	
2	主轴处转速传感器	（1）紧固主轴转速传感器及传感器支架安装螺栓，调整传感器端面与齿圈齿顶的间隙。 （2）清理主轴转速传感器表面油污。 （3）松开制动装置，让主轴自由空转，检查主轴转速传感器功能是否正常	√			传感器表面无油污，传感器间隙在制造厂设备维护手册规定范围内
3	主轴处防雷装置	（1）外观检查防雷碳刷长度和气隙，如有必要需更换碳刷。 （2）检查防雷碳刷接触面和压簧弹力，检查碳刷支架在机架上的紧固情况。 （3）检查防雷碳刷与接触面的清洁程度	√			（1）碳刷最小长度为20mm，气隙距离不超过1.5mm。 （2）碳刷安装牢固。 （3）碳刷在刷握内活动自如
4	轴承密封	检查轴承的密封是否完好，表面有无渗油，有无开裂、缺损及过度磨损的情况出现，若出现较大裂纹或磨损则需更换V形密封圈	√			轴承密封无开裂、无缺损、无过度磨损等
5	主轴轴承润滑系统，如主轴轴承为自动注脂泵	（1）检查润滑油泵并手动触发，检查油泵是否正常工作。 （2）检查润滑油泵安全阀上的红色指针是否弹出，检查润滑管路是否堵塞、泄漏。 （3）检查润滑系统润滑时间设置是否正确。 （4）检查润滑油泵内油脂油位。加注润滑油脂至上限位置。 （5）若油脂消耗量太少，则必须检查整个系统，查明原因并进行处理	√			（1）润滑油泵正常工作。 （2）无堵塞、无泄漏。 （3）设置正确的润滑油润滑时间。 （4）油位正确

续表

序号	项目	内容	周期 半年	1年	3年以上	要求
6	锁紧装置	（1）检查锁紧装置工作是否正常。（2）检查锁紧装置润滑是否工作正常	√			锁紧装置及其润滑系统工作正常
7	主轴轴承端盖连接螺栓力矩	测量主轴轴承端盖连接螺栓力矩是否在正常工作范围内	√			依据制造厂家维护手册规定值
8	主轴轴承座端盖废油脂泄油口	检查主轴轴承座端盖废油脂泄油口是否堵塞	√			若主轴轴承座端盖废油脂泄油口堵塞则必须及时处理，直到废油脂能够从泄油口顺利流出（若发现废油脂泄油口螺塞或堵头还保留在端盖上，则立即取掉）
9	主轴防腐检查	防腐检查	√			防腐涂层无脱落现象
八、液压系统						
1	液压油位、油位传感器	（1）检查液压站油位，油窗型油位应在指示器的合格位置即可。（2）检查油位传感器是否工作正常	√			（1）液压站油位正确。（2）油位传感器读数值与实际油位相符
2	测压点压力值	启动液压系统，检查液压系统各测压点的压力是否在规定范围内，是否稳定	√			测压点的压力在规定范围内并稳定
3	滤芯	检查滤芯是否堵塞		√		每年定期更换滤芯
4	液压站、液压软管、油管、管接头密封	检查液压站至偏航刹车器、主轴刹车器间的油管及油管接头是否漏油	√			无渗漏
5	蓄能器氮气压力	（1）外观检查外部是否有损坏。（2）检查储能器压力，可通过手动阀调节降低压力，读压力表的油压力，当压力暂停突然下降时，此时读出的压力即为蓄能器的压力		√		蓄能器的压力设定值根据厂家要求，一般为120bar左右

序号	项目	内容	周期			要求
			半年	1年	3年以上	
6	液压泵启、停点	测试并记录表液压站油泵启、停点，检查液压站安装螺栓是否松动	√			液压泵启、停点正确，安装螺栓牢固。保压时间是否满足厂家规定要求
7	液压泵及其电动机	启动液压系统，检查液压泵和电机运行是否有异响	√			无异响
8	安装螺栓	检查液压站安装螺栓是否松动，确保液压站安装螺栓没有松动，如果松动则拧紧		√		无松动
9	液压油	液压变桨系统，每年进行一次液压油化验检测。其他类型风机按技术监督标准抽检。宜每5年定期更换液压油		√	√	依据制造厂家维护手册规定值或化学技术监督标准
九、偏航系统						
1	偏航轴承密封	检查偏航轴承密封情况是否良好，是否有裂纹、气孔和泄漏	√			密封良好，无裂纹、无气孔、无泄漏
2	偏航轴承润滑	手动注入润滑油脂或检查自动润滑装置是否正常运行	√			偏航轴承润滑良好，无污染
3	齿轮表面（润滑情况、磨损等）	（1）检查齿轮表面润滑是否良好，齿面是否有裂纹、断裂、锈蚀和过度磨损等现象。（2）涂刷润滑油脂或检查自动润滑装置是否正常运行	√			齿轮表面润滑良好，齿面无裂纹、无断裂、无锈蚀、无过度磨损等现象
4	接地碳刷	（1）检查碳刷外观、长度和气隙。（2）检查接触面和弹簧弹力，安装是否牢固。（3）清除接触面油污	√			（1）碳刷最小长度大于制造厂家规定值。（2）接触面和弹簧弹力正常，安装牢固。（3）接触面洁净

续表

序号	项目	内容	周期			要求
			半年	1 年	3 年以上	
5	异响	检查偏航轴承是否有异响，如果有异响，查找异响的来源，分析判断原因	√			无异响
6	连接螺栓力矩	（1）使用液压力矩扳手按规定要求检查偏航轴承与机架连接螺栓。（2）使用液压力矩扳手按规定要求检查偏航轴承与塔筒顶部连接螺栓	√			依据制造厂家维护手册规定值
7	偏航刹车盘外观	（1）检查偏航刹车盘表面是否有裂纹、擦伤和碎片。（2）检查刹车盘上是否有油污，如有则用清洗剂清洗，同时应找出污染的原因并处理	√			刹车盘表面无油污、无裂纹、无擦伤和碎片等
8	偏航刹车片表面及厚度	（1）检查偏航刹车片表面，无损伤。（2）检查测量并记录刹车片厚度。先卸除液压站的系统压力，再拆除刹车挡板，方可取下刹车片。如刹车片厚度小于最小厚度需更换刹车片	√			表面良好，厚度符合厂家规定值要求
9	异响	检查机组偏航时是否有异响。如有必要，取下刹车垫片清洗修磨	√			无异响
10	集油瓶或集油袋中的油	检查并清理集油瓶或集油袋中的油。如果发现大量液压油，则必须检查液压缸密封圈	√			集油瓶或集油袋无渗漏，无大量积油
11	连接螺栓力矩	使用合格的液压力矩扳手按规定要求检查偏航刹车器与机架连接螺栓力矩	√			依据制造厂家维护手册规定值

184

序号	项目	内容	周期			要求
			半年	1年	3年以上	
12	偏航制动系统管道和壳体检查	检查偏航制动系统管道和壳体是否有开裂等渗漏油情况	√			偏航制动系统管道和壳体无渗漏现象
13	外观	检查偏航驱动装置表面的防腐涂层是否有脱落现象，壳体有无裂纹	√			防腐涂层无脱落，壳体无裂纹
14	振动和异响	如果偏航运行时驱动机构是否存在异常振动和声音，关闭电源后再查找异响的来源和原因	√			无振动和无异响
15	偏航齿轮箱及其电动机	（1）检查偏航齿轮箱油位是否在正常位置。（2）检查偏航齿轮箱密封情况。如有漏油则清理油污，同时查明漏油点并处理。（3）检查偏航电动机、齿轮箱噪声情况	√			（1）油位正确。（2）无漏油现象。（3）偏航电动机、齿轮箱无噪声
16	啮合间隙	检查偏航驱动小齿与偏航大齿圈的正常啮合间隙。偏航驱动小齿与偏航大齿圈的正常啮合间隙在规定范围	√			啮合间隙合理
17	偏航驱动小齿和大齿圈齿面	检查齿轮的表面情况。如果发现轮齿严重锈蚀或磨损，齿面出现裂纹等应及时更换或采取补救措施		√		无严重锈蚀或磨损，齿面无裂纹
18	偏航齿轮箱润滑油	偏航齿轮箱润滑油应进行抽检采样化验。宜每5年定期更换润滑油			√	化验结果要符合风电化学监督标准要求
19	连接螺栓力矩	（1）使用合适的力矩扳手按规定要求检查偏航电动机与偏航齿轮箱连接螺栓力矩。（2）使用合适的力矩扳手按规定要求检查偏航齿轮箱与机架连接螺栓力矩	√			依据制造厂家维护手册规定值

续表

序号	项目	内容	周期 半年	周期 1年	周期 3年以上	要求
20	偏航传感器功能	检查偏航传感器安装是否牢固，电气插头是否紧固，功能信号灯是否闪烁正常		√		传感器安装牢固，电气插头紧固，功能信号灯闪烁正常
21	偏航扭缆开关功能	确保偏航扭缆开关功能测试正常，使用一字形螺钉旋具触发扭缆开关，在主控柜控制面板上观察机组保护（安全链信号、扭缆极限信号）是否触发动作		√		开关动作正常
22	接线	（1）检查偏航电动机接线是否牢固。（2）检查偏航计数器（限位开关）接线是否牢固	√			接线牢固
23	滑动衬垫	（1）检查下部滑动衬垫磨损。（2）检查上部滑动衬垫磨损。（3）检查侧面滑动衬垫磨损。（4）检查偏航功率是否在规定范围内，否则应调整衬垫螺栓力矩值	√			衬垫无过度磨损，偏航功率在规定范围
十、发电机						
1	发电机外观	检查发电机表面的灰尘污染情况及表面的防腐涂层是否有脱落现象		√		表面无灰尘，防腐涂层无脱落
2	接线盒内接线端子	检查发电机接线盒内的接线端子紧力情况，是否满足厂家力矩要求	√			接线端子牢固、可靠，满足厂家力矩要求
3	接地线	检查位于发电机底座下的接地电缆或接地编织带连接是否牢靠		√		接地电缆牢固、可靠

序号	项目	内容	周期			要求
			半年	1 年	3 年以上	
4	转速传感器的检查	检查转速传感器接头是否松动，安装是否牢固（间隙宜满足 3 ~ 4mm），检查转速传感器的功能，检查测速盘是否变形		√		转速传感器接头牢固，功能正常，测速盘无变形
5	集电环表面、接触面、集电环外罩、碳刷和刷架	（1）检查集电环表面是否光洁，氧化膜是否形成良好，颜色均匀呈浅色或深色。无条痕、擦伤、凹坑、斑点、打火腐蚀点等情况，如有则记录并处理。 （2）检查碳刷接触面是否均匀光洁，无条痕、擦伤、凹坑、斑点、打火腐蚀点等情况，如有则记录并处理。 （3）清洁集电环、刷架等，将碳粉用吸尘器等工具清理干净	√			（1）集电环表面光洁，氧化膜良好，颜色均匀呈浅色或深色。无条痕、擦伤、凹坑、斑点、打火腐蚀点等情况。 （2）碳刷接触面均匀光洁，无条痕、擦伤、凹坑、斑点、打火腐蚀点等情况。 （3）清理碳粉时戴橡皮手套、口罩、防护眼镜等安全防护用品
6	碳刷及接地碳刷检查	（1）测量并记录发电机碳刷长度，接触面检查，刷辫无过热变色、无破损。 （2）检查碳刷压簧的压力，如有必要可更换压簧。 （3）手动依次触发发电机每个相用碳刷及接地碳刷上的微动开关，观察主控柜控制面板上的碳刷磨损信号是否变化	√			（1）碳刷磨损信号正常。碳刷压簧的压力符合制造厂检修维护要求。 （2）碳刷检查时，需要手动刹车保持发电机转子在静止状态。 （3）应严格检查接地碳刷，尤其应注意接地碳刷 A、B 端方向。 （4）更换碳刷时，新碳刷应注意空转磨合
7	发电机定、转子雷电保护系统	（1）检查浪涌保护器等雷电保护装置的外观、标志、撞击杆、开关等是否正常。 （2）检查雷电保护装置接线紧固	√			（1）雷电保护装置外观无异常，标志、撞击杆、开关在正常位置，端子接线紧固。 （2）带状态监视的雷电保护装置应测试在主控系统中正确显示动作信号

续表

序号	项目	内容	周期			要求
			半年	1年	3年以上	
8	绝缘电阻测量	（1）发电机绝缘试验应在发电机停机至少4h后进行。测量前，发电机的所有电源连接必须断开。 （2）用绝缘测试仪测试发电机轴承绝缘，测试电压1000V，电阻值和吸收比应大于厂家规定值。 （3）用绝缘测试仪测试定子线圈的绝缘，测试电压1000V，电阻值和吸收比应大于厂家规定值。 （4）用绝缘测试仪测试转子线圈的绝缘，拔出碳刷，测试电压1000V，电阻值和吸收比应大于厂家规定值		√		（1）绝缘测试值满足厂家规定值。 （2）测量发电机轴承时应拔出接地碳刷
9	发电机直流电阻测试	测试发电机定子、转子直流电阻平衡度，不得大于2%		√		（1）采用双臂直流电桥、电机静态测试仪等设备测量。 （2）注意与历史数据进行比较
10	连接螺栓力矩	（1）按规定要求检查发电机与弹性支撑连接螺栓力矩。 （2）按规定要求检查发电机弹性支撑与机架连接螺栓力矩。 （3）按规定要求检查发电机转子电缆与接线盒的连接螺栓力矩。 （4）按规定要求检查发电机定子电缆与接线盒的连接螺栓力矩	√			连接螺栓力矩符合制造厂或风电金属监督要求
11	发电机编码器	检查安装是否牢固，检查接插件及拉杆是否有松动，检查屏蔽接地是否正常	√			（1）安装可靠，插件及拉杆无松动，屏蔽接地正常。 （2）应注意部分变频器在更换发电机编码器后应对励磁回路进行调试

序号	项目	内容	周期			要求
			半年	1 年	3 年以上	
12	润滑油泵	手动触发润滑油泵，检查油泵是否正常工作	√			油泵正常工作
13	油泵、管路是否堵塞、泄漏	检查润滑管路是否堵塞、泄漏，固定是否牢靠，若有则及时进行处理并清理泄漏油脂	√			油泵、管路无堵塞、泄漏
14	自动润滑系统润滑时间设置	（1）检查润滑油泵润滑时间设置是否正确。（2）时间设置参照各发电机厂家维护手册	√			润滑时间设置正确
15	润滑泵油位	检查润滑油泵内油脂油位，加注润滑油脂至正常油位	√			油位在正常位置。若油脂消耗量太少，则必须检查润滑系统，查明原因并进行处理
16	油脂	在加脂时，油脂品质是否合格，是否存在油脂颜色、污染物明显、脱油等问题	√			（1）油脂品质合格，在保质期内，应使用同牌号油脂。（2）注意观察更换前和更换后油脂是否存在脱油现象
17	清洁发电机油脂收集槽	（1）检查收集槽有无废油，检查废油颜色，是否含杂质。（2）清洁收集槽。（3）检查收集槽是否有渗漏、溢出的现象	√			（1）如收集槽内无废油，应对发电机润滑油路和轴承进行检查。（2）油脂收集槽无渗漏、溢出等现象
18	过滤器、滤网	打开过滤器清洁、清洗，如有必要，可更换过滤网		√		保持过滤器处于清洁、无堵塞状态
19	外部风扇、排风管道	（1）检查外部风扇、排风管道是否有损坏、脏物等，是否折叠、堵塞等。	√			外部风扇、排风管道无损坏、折叠、堵塞等。风扇转动声音正常

序号	项目	内容	周期			要求
			半年	1 年	3 年以上	
19	外部风扇、排风管道	（2）通过更改风扇启动参数值来启动风扇检查功能情况，风扇转动后，观察叶片、振动情况；检查风扇内部是否存在异物，旋转方向是否正确，风扇转动声音是否正常。测试结束后，参数改为原来参数	√			外部风扇、排风管道无损坏、折叠、堵塞等。风扇转动声音正常
20	固定螺栓	检查水冷系统散热器固定螺栓是否紧固、可靠		√		水冷系统散热器固定螺栓紧固、可靠
21	水冷散热器	检查散热器有无破损、变形		√		散热器无破损、变形
22	冷却介质	检查冷却介质是否洁净、流通是否顺畅	√			保持冷却介质洁净
23	水冷系统压力	检查压力表读数，看压力是否满足要求。必要时补充防冻液	√			水冷系统压力处于设计的范围
24	水冷管路	检查水冷管路是否存在渗漏	√			水冷管路无渗漏
十一、变流器						
1	外观检查	检查变频器有无明显的烧灼痕迹、防腐涂层脱落，检查柜门密封等	√			外观良好、外层无脱落、柜门密封良好
2	电气连接	检查变频器与箱式变压器、变频柜内部电气回路的接线，紧固接线，清除灰尘	√			（1）变频器与箱式变压器、变频器柜内部接线紧固、牢靠，无松动。（2）按厂家规定对发电机定、转子接线处等连接螺栓进行力矩检查

序号	项目	内容	周期			要求
			半年	1 年	3 年以上	
3	UPS 电源	（1）检查 UPS 续航能力。 （2）检查外观信号指示是否正常	√			（1）UPS 续航能力应大于 3min。低于要求的应更换。 （2）UPS 装置信号正常
4	并网断路器	（1）读取并网开关的合闸次数，并记录。 （2）检查断路器触头和灭弧罩。 （3）检查断路器保护定值设置是否正确，建议定期校验。 （4）启、停机时注意断路器分、合闸是否正常	√			（1）并网主断路器动作次数超过规定值，应进行维护处理或更换。 （2）断路器灭弧罩无严重烧蚀现象，触头外观良好。 （3）断路器保护定值正确。建议 5 年定期校验。 （4）启、停机时断路器分、合闸无异响，无明显迟滞
5	主回路接触器	检查接触器主触点的电蚀情况		√		应无严重磨损、烧蚀现象，触点外观良好
6	风冷系统	手动启动冷却风扇，检查冷却风扇是否运转正常	√			冷却风扇运转正常
7	水冷系统	（1）检查散热器有无破损、变形。 （2）检查水冷管路是否存在渗漏。 （3）检查水冷系统压力表数值		√		（1）散热器无破损、变形，无渗漏。 （2）水冷系统压力处于正常范围
十二、主控系统						
1	外观	检查主控柜内（或塔基柜、机舱柜）有无明显的烧灼痕迹、防腐涂层脱落等	√			主控柜内完好，无明显的烧灼痕迹、防腐涂层脱落等现象
2	回路连接	检查主控柜内所有接线回路及接线端子，并紧固		√		回路连接可靠

续表

序号	项目	内容	周期			要求
			半年	1 年	3 年以上	
3	柜内元件外观	检查主控柜内（或塔基柜、机舱柜）所有元器件是否有污秽、烧损等情况	√			外观无污秽、烧损等情况
4	UPS 电源	（1）检查 UPS 续航能力。 （2）检查外观信号指示是否正常	√			（1）UPS 续航能力应大于 3min。低于要求的应更换。 （2）UPS 装置信号正常
5	冷却风扇	手动启动冷却风扇，检查冷却风扇是否运转正常	√			冷却风扇运转正常
6	雷电保护器	检查浪涌保护器外观、标志是否正常	√			浪涌保护外观无异常，标志在正常位置，发现异常则更换
7	钥匙开关	（1）检查钥匙是否缺失，若缺失则及时补装。 （2）检查维护开关功能是否正常	√			（1）开关钥匙定点存放。 （2）开关功能正常
8	柜体滤网清洁	检查主控柜（塔基柜、机舱柜）滤网，清洗或更换主控柜滤网	√			保持滤网处于相对清洁的状态
9	急停按钮功能测试	手动触发以下传感器（急停按钮），在主控柜控制面板上观察其工作是否正常。 （1）机舱急停按钮。 （2）塔基急停按钮。 （3）便携式急停按钮	√			急停按钮能正常工作
10	传感器	（1）温度。在主控柜（或塔基柜）控制面板上观察各温度传感器的温度显示值是否正常。		√		温度、振动传感器以及风速、风向标能定期校验，正常运行

序号	项目	内容	周期			要求
			半年	1 年	3 年以上	
10	传感器	（2）振动传感器。手动触发振动传感器，在主控柜控制面板上观察其工作是否正常。 （3）风速仪、风向标。 1）从面板观察此时的风速风向值和实际的风速风向是否一致，检查风速仪、风向标安装是否松动，检查风向标零位是否正确。 2）将风速仪、风向标加热温度参数设定值更改为低于当前外界温度值后，在主控柜内用电流表检测风速仪、风向标加热器的电流有无变化。检测完毕后，应将参数修改回原来参数		√		温度、振动传感器以及风速、风向标能定期校验，正常运行
11	柜体整体清洁	清除杂物、积灰	√			柜体整洁
	十三、通信系统					
1	机舱风机控制系统通信设备检查	（1）通信模块检查。通信模块指示灯闪烁是否正常。 （2）检查光纤、电缆等通信线路，是否有压折、磨损，捆扎是否整齐，接口是否松动	√			（1）通信设备工作正常。 （2）通信线路完好，接口无松动
2	机舱内其他通信设备检查	检查在线振动检测系统通信设备、视频监视系统、自动消防系统、无线对讲系统等通信模块指示灯是否正常，通信线路是否有压折、破损，捆扎是否整齐，接口是否松动	√			（1）通信设备工作正常。 （2）通信线路完好，接口无松动

续表

序号	项目	内容	周期			要求
			半年	1 年	3 年以上	
3	塔基风机控制系统通信设备检查	（1）通信模块检查。通信模块指示灯闪烁是否正常。 （2）检查光纤、电缆等通信线路，是否有压折、磨损，捆扎是否整齐，接口是否松动	√			（1）通信设备工作正常。 （2）通信线路完好，接口无松动
4	光纤接线盒检查	（1）检查接线盒安装是否牢固，密封是否良好，布线是否整齐，无线路压折、破损。 （2）清洁接线盒	√			（1）接线盒密封良好，安装牢固，通信线路完好，接口无松动。 （2）接线盒无灰尘、油污
十四、防雷系统						
1	防雷模块外观检查	整体检查防雷模块是否完好，有无破损、缺失	√			防雷模块完好，无破损、缺失
2	设备接地线检查	检查发电机、齿轮箱、气象架、主轴、叶片、各控制柜、塔筒等设备接地线连接是否牢固，有无断线	√			设备接地线连接良好、无断线
3	防雷爪和碳刷	（1）检查防雷爪是否有破损、脱落，间隙是否满足规定。 （2）碳刷接触面是否均匀光洁，是否有条痕、擦伤、凹坑、斑点、打火灼蚀点等情况	√			（1）防雷爪完好，间隙合适。 （2）碳刷接触面均匀光洁，无条痕、擦伤、凹坑、斑点、打火灼蚀点等情况
4	叶片接闪器和雷击记录卡检查	（1）检查接闪器否完好，有无破损、缺失。 （2）检查雷击记录卡接线是否良好，外观是否有损坏	√			（1）接闪器完好。 （2）雷击记录卡完好
5	塔基接地引下线、接地汇流排导通检查	检查塔基接地引下线、汇流排是否完好。必要时进行导通试验	√			接地引下线、汇流排导通良好

序号	项目	内容	周期			要求
			半年	1 年	3 年以上	
6	机组接地电阻测试	接地电阻专项测试结果是否满足要求		√		接地电阻不超过 4Ω
十五、机舱						
1	机舱外观检查	（1）检查机舱外壳透光情况。 （2）检查天窗、进线孔洞封堵情况，必要时重新打密封胶。 （3）清洁灰尘、油污	√			（1）干净，无损伤，无裂纹。 （2）天窗密封良好，无漏雨。 （3）机舱壁、地面整洁干净
2	机舱螺栓	检查机舱罩壳与机架连接螺栓力矩	√			按制造厂维护手册要求检查螺栓力矩
		检查机舱爬梯与机架连接螺栓	√			按制造厂维护手册要求紧固连接螺栓
		目视检查气象架与机舱罩壳连接螺栓的标记线是否错位	√			（1）连接螺栓牢固。 （2）螺栓孔洞密封胶封堵良好
3	机舱电动葫芦	（1）检查升降操作是否正常。 （2）检查与机舱固定螺栓是否紧固。 （3）检查吊链是否存在磨损、破裂现象	√			电动葫芦设备完好，功能正常
4	检查机舱加热器	（1）目视检查机舱的加热器，按厂家规定做启动测试。 （2）检查加热器固定螺栓	√			（1）加热器完好、无破损，启动正常，无异常高温。 （2）加热器固定螺栓无松动
十六、塔筒						
1	塔筒外观检查	（1）目视检查塔筒门、塔壁、梯子、平台、电缆支架焊缝。 （2）塔筒平台、爬梯清洁。	√			（1）塔筒表面应无掉漆、起泡、焊缝开裂等，若有则进行喷漆、修补。塔筒门、塔壁、梯子、平台、电缆支架焊缝应无裂纹。 （2）塔筒平台、爬梯无油污。

续表

序号	项目	内容	周期 半年	周期 1年	周期 3年以上	要求
1	塔筒外观检查	（3）塔基底层清洁	√			（3）塔基底层整齐卫生，电缆孔洞封堵良好
2	照明	检查照明、外部照明和应急照明的功能	√			照明应处于正常状态。若有损坏，修复损坏、缺失的照明
3	检查梯子和滑轨或钢丝绳	梯子和滑轨或钢丝绳安全检查，发现梯子和滑轨的紧固件松动、滑轨接头处错位等应进行紧固、调整	√			梯子和滑轨应牢固、无松动，滑轨顺畅、接头无错位，钢丝绳无毛刺、无破损
4	检查塔筒节间接地连接	检查塔筒间接地线连接及接地线紧固连接螺栓，发现塔筒节之间接地线连接松动，紧固连接螺栓。发现接地线接触表面有生锈，要打磨并进行防锈处理	√			接地线良好，螺栓无松动
5	检查塔筒法兰连接螺栓力矩	对塔筒法兰连接螺栓目视检查、力矩检查		√		按照制造厂维护手册给定力矩要求检查塔筒法兰连接螺栓。每年至少抽检20%数量的连接螺栓检查紧固力矩
6	检查塔筒平台、盖板、护栏连接螺栓	目视检查塔筒平台、盖板、护栏连接螺栓	√			螺栓无松动
7	检查动力，控制电缆，定、转子电缆U形孔处悬垂长度	检查电缆外观和连接头是否完好，检查U形孔处电缆悬垂长度	√			（1）电缆无破损。（2）动力、控制电缆，定、转子电缆U形孔处悬垂长度应符合风机制造厂维护手册要求
8	检查导电轨螺栓力矩	检查定子、转子导电轨间力矩螺栓力矩	√			按照制造厂给定力矩要求紧固连接螺栓

序号	项目	内容	周期			要求
			半年	1 年	3 年以上	
9	导电轨绝缘测试	测试绝缘电阻		√		符合制造厂维护手册要求
10	检查电缆标志	检查电缆标志		√		电缆标志清楚、无误
11	电缆夹板的紧固	检查电缆夹板的紧固		√		夹板处于紧固状态，无松动
12	电缆接地紧固	检查电缆接地的紧固		√		电缆接地良好
13	检查基础承台、沉降观测	（1）检查基础承台状况，基础环与承台间无缝隙，密封良好，承台无裂缝 （2）采集记录沉降观测数据，进行沉降分析		√		基础承台无明显沉降、裂缝
十七、安全链						
1	安全链上各按钮、开关（扭缆开关、变桨限位开关等）的接线检查	检查安全链上各按钮、开关接线是否紧固，电缆无破损	√			接线紧固无松动
2	安全链动作试验	（1）塔基急停按钮动作试验。 （2）机舱急停按钮动作试验。 （3）顺时针扭缆极限开关动作试验。 （4）逆时针扭缆极限开关动作试验。 （5）变桨极限开关动作试验（3 个叶片分别试验）。 （6）低速轴超速动作试验。 （7）高速轴超速动作试验。		√		（1）按钮、开关动作时风机应紧急停机，主轴制动器投入，同时主控系统报警信息准确。

序号	项目	内容	周期			要求
			半年	1年	3年以上	
2	安全链动作试验	（8）机舱振动开关动作试验。 （9）其他可以测试的安全链动作条件		√		（2）超速试验时，应将超速模块动作数值进行修改，动作值不宜较高（如风机超速定值为1800r/min，则可将高速轴超速动作数值设为500r/min）。待该超速试验结束，立刻恢复原超速动作数值
十八、安全防护设备						
1	灭火器检查	（1）型号正确齐全。 （2）数量足够。 （3）罐体压力正常。 （4）有效期检查	√			机舱及塔底应配置CO_2和干粉两种类型灭火器，数量满足消防有关要求，罐体压力正常，同时在有效期内
2	紧急逃生装置检查	（1）紧急逃生装置外观完好，无破损、开线现象。 （2）紧急逃生装置在生产厂家规定使用寿命期限内	√			（1）每台风机机舱上应配置紧急逃生装置。 （2）登机人员应掌握紧急逃生装置的使用方法
3	滑轨、钢丝绳、塔筒爬梯、助爬器的检查	（1）检查塔筒爬梯与固定支架、固定支架与塔筒间螺栓紧固良好，无锈蚀现象。 （2）检查止跌扣滑轨是否存在错位现象、是否存在接头缝隙。止跌扣钢丝绳是否存在断股、毛刺现象。 （3）助爬器功能测试	√			（1）止跌扣滑轨无错位无接头缝隙。 （2）止跌扣钢丝绳无断股。 （3）助爬器安全可靠，功能完好
4	安全标志齐全	（1）塔筒外壁安全标志齐全。 （2）塔基安全标志齐全。 （3）机舱安全标志齐全	√			标志设置符合风电企业安全防护设施及安全标志相关管理标准的要求

参考文献

[1] 姚兴佳 . 风力发电机组理论与设计 [M]. 北京：机械工业出版社，2013.

[2] 裘科，马人乐，何敏娟 .160m 桁架式预应力钢管风电塔塔柱法兰节点抗疲劳性能研究 [J]. 特种结构，2020，30（5）：7-17.

[3] 王应高，李烨峰，孟玉婵，等 . 变压器油中溶解气体色谱分析及故障诊断 [M]. 北京：中国电力出版社，2019.

[4] 汪红梅 . 电力用油（气）[M]. 北京：中国电力出版社，2015.

[5] 孟玉婵，罗运柏，李烨峰，等 . 电力设备用六氟化硫的检测与监督 [M]. 北京：中国电力出版社，2019.

[6] 卜劲松，郭江涛，史立红 . 电网专业技术监督丛书电能质量专业 [M]. 北京：中国电力出版社，2011.

[7] 黄峰 . 风电场 SCADA 监控系统 [M]. 长沙：中南大学出版社，2021.

[8] 丁书文 . 变电站综合自动化技术 [M]. 北京：中国电力出版社，2005.

[9] 叶杭冶 . 风力发电机组的控制技术 [M]. 第 3 版 . 北京：机械工业出版社，2015.

[10] 霍志红 . 风力发电机组控制 [M]. 北京：中国水利水电出版社，2022.